普 通 高 等 教 育 规 划 教 材

地籍与房产测量

李希灿 ◎ 主编

U0205502

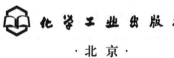

化学工业出版社

·北京·

本书注重培养学生的学习能力，突出基础理论，加强实践性教学环节，理论联系实际，优化知识结构，注意精选保留传统地籍调查技术的基本内容，重点充实了数字地籍测量、3S技术等测绘学科新技术。教材内容精炼，文字通俗易懂，便于自学，专业覆盖面广。

本书为高等教育地籍与房产测量相关课程的教材，亦可供广大土地管理工作者、工程技术人员阅读参考。

图书在版编目（CIP）数据

地籍与房产测量/李希灿主编. —北京：化学
工业出版社，2016.2（2024.2重印）
普通高等教育规划教材
ISBN 978-7-122-25714-7

Ⅰ.①地… Ⅱ.①李… Ⅲ.①地籍测量-高
等学校-教材②房地产-测量学-高等学校-教材
Ⅳ.①P271②F293.3

中国版本图书馆CIP数据核字（2015）第282253号

责任编辑：王文峡　　　　　　　　　　文字编辑：颜克俭
责任校对：宋　玮　　　　　　　　　　装帧设计：韩　飞

出版发行：化学工业出版社（北京市东城区青年湖南街13号　邮政编码100011）
印　　装：北京虎彩文化传播有限公司
787mm×1092mm　1/16　印张11　字数248千字　2024年2月北京第1版第5次印刷

购书咨询：010-64518888　　　　　　　售后服务：010-64518899
网　　址：http://www.cip.com.cn
凡购买本书，如有缺损质量问题，本社销售中心负责调换。

定　　价：30.00元

编写人员

主　　编：李希灿

副 主 编：王　永　刁海亭　常小燕　牛　冲

编写人员（按汉语拼音排序）

　　　　　常小燕　丛康林　刁海亭　董　超

　　　　　杜　琳　郭　鹏　胡　晓　李希灿

　　　　　厉彦玲　梁　勇　牛　冲　齐广慧

　　　　　齐建国　万　红　王　永　赵传华

　　　　　赵立中

主　　审：梁　勇

➡ 前 言

为满足卓越工程师教育培养计划的需要，根据高校测绘工程、遥感科学与技术、土地资源管理等专业的人才培养方案的要求，由山东农业大学、山东科技大学和山东省地质测绘院联合编写此书。

本书编写重视培养学生的学习能力，突出基础理论，加强实践性教学环节，理论联系实际，优化知识结构，注意精选保留传统地籍调查技术的基本内容，重点充实了数字地籍测量、3S 技术等较多的测绘科学新技术。教材内容精炼，文字通俗易懂，便于自学，专业覆盖面广。除可作为有关专业的专业课教材外，亦可供广大土地管理工作者、工程技术人员阅读参考。

本书共 9 章，由李希灿任主编并统稿，王永、刁海亭、常小燕、牛冲任副主编。其中李希灿编写第 1、8、9 章及第 7 章 5～7 节，刁海亭编写第 2、3 章，王永编写第 4 章，牛冲编写第 5 章，常小燕编写第 6 章及第 7 章 1～4 节。本书由山东农业大学梁勇担任主审，本书编写人员还有丛康林、董超、杜琳、郭鹏、胡晓、厉彦玲、齐广慧、齐建国、万红、赵传华、赵立中，在此深表谢意！对于本书中参考的有关文献资料的原作者表示诚挚的谢意！感谢化学工业出版社所做的辛勤工作！

由于编者水平有限，书中不当之处在所难免，敬请读者批评指正。

编者
2015 年 9 月

⇥ 目 录

第6章　面积量算与面积统计 ⋯⋯⋯⋯⋯⋯⋯⋯⋯⋯⋯⋯⋯⋯⋯ **106**

第7章　日常地籍调查 ⋯⋯⋯⋯⋯⋯⋯⋯⋯⋯⋯⋯⋯⋯⋯⋯⋯⋯⋯ **121**

第8章　房产调查与房产图测绘　·····　**138**

第9章　地籍与房产测绘管理　·····　**157**

第1章 绪 论

地籍测量是地籍管理的基础工作之一，其测绘对象是土地（地块）的位置、权属、面积和利用现状等要素。本章主要介绍地籍、地籍测量、地籍调查、地籍管理的概念，数字地籍测量的特点和作业流程，以及地籍图与地形图的差异。

1.1 土地的含义

土地是人类赖以生存的物质基础和立足场所，是一切生产和一切存在的源泉。正如马克思所说："土地（在经济学上也包括水）最初以食物、现存的生活资料供给人类，它未经人的协助，就作为人类劳动的一般对象而存在"。"土地是财富之母"，"土为万物之母"。可见土地对人类是何等重要。

对于土地的定义，目前不同的学科对它的解释是不尽一致的。一般认为，土地是指地球表层的陆地部分（包括内陆水域和沿海滩涂）及其附着物。但也有的学者认为不仅如此，它还包括地球特定区域的表面，及其以上一定高度和以下一定深度范围内的土壤、岩石、大气、水文和植被所组成的自然资源综合体。在这个综合体中，土地的质量与作用取决于全部构成因素的综合影响。离开这个综合体，各单个的构成因子都不能理解为土地，而只能是它本身。因此，土地是地球陆地表面，由气候、土壤、水文、地形、地质、生物及人类活动结果所组成的一个复杂的自然经济综合体，其性质随时间不断变化。

谈到土地，人们常常把它与土壤相混淆。实际上，尽管二者有着很密切的联系，但土地不等于土壤。一般来说土壤是地球表面具有肥力、能够生长植物的疏松土层。土壤与土地的联系与区别在于：从相互关系上看，土壤仅是土地的一个组成要素，即土地包含土壤；从本质上看，土壤的本质是具有肥力，而土地的本质是具有生产力；从形态上看，土壤是处在地球风化壳的疏松表层，土地是大气圈、生物圈、土壤圈、水圈、岩石圈组成的立体垂直剖面。

土地与国土不是一个概念。土地具有自然属性，它是自然的产物。围海造田也只是改变土地的形态和位置，不是创造新的土地。而国土是一个具有政治意义的概念，是政治的产物，它指的是一国主权管辖范围内的版图，包括其领土、领海和领空。因此，一国的国土可能随着政治的变化而变化，这种事例古今中外屡见不鲜。也有人把国土理解为一国疆域范围内所管辖的陆地、海域、矿产、生物、植被和河湖等自然资源的总称。虽然构成国土的自然资源中也包含了土地，但它不等于土地。

由于受地球表面陆地部分的空间限制，土地的面积（或土地资源的数量）是有限的，而且具有总量不变性和位置的固定性。土地具有一定的生产力，只要人类重视对土地的保护和改良，土地就具有永久可持续利用性，这与一般的生产资料是不同的。

我国地大物博、人口众多，中国陆地面积约 144 亿亩（15 亩＝1 公顷，余同），其中耕地约 20.3077 亿亩，约占全国总面积的 14.1%。虽然我国耕地面积居世界第 4 位，但人均占有量很低，世界人均耕地 0.37 公顷，我国人均仅 0.1 公顷；另外，我国难以开发利用和质量不高的土地所占比例较大，还有一部分土地质量较差。尽管我国已解决了占世界 1/5 人口的温饱问题，但随着我国经济的发展，我国非农业用地逐年增加，人均耕地将逐年减少，土地的人口压力将越来越大。因此，必须认真贯彻"十分珍惜和合理利用每寸土地，切实保护耕地"的基本国策，加强土地利用的宏观控制和统一管理，协调产业用地矛盾，科学开发，充分利用，综合整治，保护好土地资源。其中，加强地籍管理是合理利用土地资源的重要工作之一。

1.2　地籍的功能与分类

1.2.1　地籍的概念

地籍一词在我国古代就已沿用，是中国历代王朝（或政府）登记田亩地产作为征收赋税的根据。汉语的"籍"具有簿册、登记、税收之意。地籍就是记载每宗地的位置、四至、界址、面积、质量、权属、利用现状或用途等基本情况的簿册。简言之，地籍就是土地的户籍。

随着社会和经济的发展，地籍不但为土地税收和土地产权保护服务，还要为城市规划、土地利用、房地产交易、交通、管线建设等多方面提供基础资料；在一些发达国家，地籍的应用领域扩大到 30 多个。因此，这种地籍称为多用途地籍或现代地籍。显然，多用途地籍的内涵和外延更加丰富。多用途（现代）地籍是指国家监管的、以土地权属为核心的、以地块为基础的土地及其附着物的权属、位置、数量、质量和利用现状等土地基本信息的集合，用图、数、表等形式表示。

1.2.2　地籍的功能

建立地籍的目的，一般应由国家根据生产和建设的发展需要，以及科技发展的水平来确定。目前，包括我国在内的许多国家建立的地籍已广泛用于土地税费征收、土地产权保护和土地利用规划编制，同时为政府制定土地制度、社会经济发展目标、环境保护政策等宏观决策提供基础资料和科学依据。概括而言，地籍有如下功能。

（1）地理性功能　在统一的坐标系内，地籍所包含的地籍图集和相关的几何数据，不但精确表达了一地块（包括附着物）的空间位置，而且还精确和完整地表达了全部地块之间在空间上的相互关系。这种功能是实现地籍多用途的基础。

（2）经济功能　利用地籍提供的土地及附着物的位置、面积、用途、等级和土地所有权、使用权状况，结合国家和地方的有关法律、法规，为以土地及其附着物为标的物的经济活动（如土地的有偿出让、转让，土地和房产税的征收，防止房地产市场的投机活动等）提供准确、可靠的基础资料。

（3）产权保护功能　地籍信息具有空间性、法律性、精确性、现势性等特点，因而使地籍能为在以土地为标的物的产权活动（如调处土地争执，恢复界址，确认地权，房地产的认定、买卖、租赁及其他形式的转让，解决房地产纠纷等）中提供法律性的证明材料，保护土地所有者和使用者的合法权益，避免土地产权纠纷。

（4）土地利用管理功能　土地的数量、质量及其分布和变化规律是组织土地利用、编制土地规划的基础资料。利用地籍资料，能加快规划设计的速度，降低费用，使规划容易实现。另外，地籍还能鉴别错误的规划，避免投资失误。

（5）决策功能　这里所指的决策是国家制定土地政策、方针，进行土地使用制度改革等方面的决策，也包括国家对经济发展、环境保护、人类生存等方面的决策以及个人或企业投资等方面的决策。地籍所提供的多要素、多层次、多时态的土地资源的自然状况和社会经济状况，是国家编制国民经济计划、制定各项规划的依据，是组织工农业生产和进行各项建设的基础。

（6）管理功能　地籍是调整土地关系、合理组织土地利用的基本依据。土地利用状况及其境界位置的资料，是进行土地分配、再分配及征拨土地工作的重要依据。由于地籍存在地理性功能和决策功能，公安、消防、邮政、水土保持和以土地及其附着物为研究对象的科学研究和管理等部门，可充分利用地籍资料为他们的工作服务。

1.2.3　地籍的分类

地籍按其发展阶段、研究对象、目的和内容的不同，可以划分为不同的类别体系。

（1）按地籍的用途划分　地籍可分为税收地籍、产权地籍和多用途地籍。

在一定的社会生产方式下，地籍具有特定的对象、目的、作用和内容，但它不是一成不变的。地籍发展的过程，也是地籍用途不断扩张的过程。

① 税收地籍　税收地籍是指仅为税收服务的地籍，即专门为土地课税服务的地籍。税收地籍的主要内容是纳税人的姓名、地址和纳税人的土地面积及土地等级等。税收地籍的工作主要是测量地块面积和按土壤质量、土地的产出及收益率等因素来评定土地的等级。

② 产权地籍　产权地籍是国家为维护土地所有制，鼓励土地交易，防止土地投机，保护土地买卖双方的权益而建立的土地清册。凡经登记的土地，其产权证明具有法律效力。因此，产权地籍亦称法律地籍。产权地籍最主要的任务是保护土地所有者、使用者的合法权益和防止土地投机。为此，产权地籍必须以反映界线和界址点的精确位置以及准确的土地面积等为主要内容。

③ 多用途地籍　多用途地籍是税收地籍和产权地籍的进一步发展，其目的不仅是为课税和保护产权服务，更重要的是为土地利用、保护和科学管理土地提供基础资料。经济的快速发展和社会结构复杂化的加剧为地籍应用领域的扩张提供了动力，而科学技术的发展，则为地籍内容的深化与扩张提供了强有力的技术支撑，从而使地籍突破税收地籍和产

权地籍的局限，具有多用途的功能，与此同时，建立、维护和管理地籍的手段也逐步被信息技术、现代测量技术和计算机技术所代替。

（2）按地籍的特点和任务划分　地籍可分为初始地籍和变更（日常）地籍。

① 初始地籍　初始地籍是指在某一时期内，对其行政辖区内全部土地进行全面调查后，建立的新的土地清册（不是指历史上的第一本簿册）。

② 变更地籍　变更地籍是针对土地及其附着物的权属、位置、数量、质量和利用状况的变化，以初始地籍为基础进行修正、补充和更新的地籍。

初始地籍和变更地籍是不可分割的完整体系。初始地籍是基础，变更地籍是初始地籍的补充、修正和更新。如果只有初始地籍而没有变更地籍，地籍将逐步陈旧，变为历史资料，缺乏现势性，失去其使用价值。相反，如果没有初始地籍，变更地籍就没有依据和基础。一个辖区内的地籍变更是经常发生的，处理变更地籍是土地管理者的一项日常化工作，因此变更地籍亦称日常地籍。

（3）按城乡土地的不同特点划分　地籍可分为城镇地籍和农村地籍。

① 城镇地籍　城镇地籍的对象是城镇的建城区的土地，以及独立于城镇以外的工矿企业、铁路、交通等用地。

② 农村地籍　农村地籍的对象是城镇郊区及农村集体所有土地、国有农场使用的国有土地和农村居民点用地等。

由于城镇土地利用率、集约化程度高，建（构）筑物密集，土地价值高，位置和交通条件所形成的级差收益十分悬殊，城镇地籍的图、数通常具有大尺度和高精度的特征，而农村地籍则相反。在地籍内容、土地权属处理、地籍的技术和方法及其成果整理、编制等方面，城镇地籍比农村地籍有更高、更复杂的要求。在实践中，由于农村居民地（村镇）与城镇有许多相同的地方，农村地籍的居民地部分可以按城镇地籍的相近要求建立，并统称为城镇农村地籍。随着技术的进步和社会经济的发展，将逐步建立城乡一体化地籍。

1.2.4　地籍的发展概况

地籍是使用与管理土地的产物，其产生和发展也是社会进步、生产发展、科学技术水平不断提高的结果。在原始社会中，土地处于"予取予求"的状态，人们共同劳动，按氏族内部的规则分享劳动产品，无需了解土地状况和人地关系。随着社会生产力的发展，出现了凌驾于劳动群众之上的机器——国家。这时，地籍作为维护这个国家机器运作的工具出现了。它在维护土地制度、保障国家税收方面发挥了重要作用。显然，国家的出现是地籍产生的基本原因。

1.2.4.1　国外地籍的发展概况

在西方，单词"地籍"（即英文写法 Cadastre）的来源并不确定，可能来源于希腊字"Katatikon"（教科书或商业书籍中），也可能来源于后来的拉丁字"Capitastrum"（纳税登记），意为人头税登记或课税对象的登记。税收地籍的土地记录已存在了数千年。已知最古老的土地记录是公元前 4000 年的 Chaladie 表。古代中国、古埃及、古希腊、古罗马等文明古国都存在着一些古老的地籍记录。在当时的社会背景下，地籍是一种以土地为对象的征税簿册，记载的是有关土地的权属、面积和土地的等级等。在这种征税簿册中，只涉及土地所有者或使用者本人，不涉及四至关系，无建筑物的基本记载。所采用的测量技术也很简单，无图形。土地质量的评价主要依据是农作物的产量。运用征税簿册所征收到的税费，主要作为维持社会发展的基金，它是国家工业化之前的最主要的收入来源之一。

直至18世纪，社会结构发生了深刻变革，土地的利用更加多元化，出现了农业、工业、居民地等用地类型。而测量技术的发展，使具有确定权属主的地块能被精确地定位，计算的面积也更加准确，并且可以用图形来描述地籍的内容。换句话说，测量技术为地籍提供了准确的地理参考系统，最终导致了征收的税费基于被分割的地块（包括建筑物）应纳税金，并逐渐地建立了一个较成熟的税收体系。这时地籍的内容不但有土地的权属、位置、数量和利用类别，还包含其附着物（即建筑物和构筑物）的权属、位置、数量和利用类别。

19世纪，欧洲的经济结构发生了重大变化，出现了城市中心地皮紧张和土地生意兴隆的状况，产生了在法律上更好地保护土地的所有权和使用权的要求。地籍作为征收土地税费的基础，先进的测量技术使它能提供一个完整精确的地理参考系统，因而担当起以产权登记册来实现产权的保护任务，地籍也因此变成了产权保护的工具，从此产生了含义明确的产权地籍（税收是其目的之一）。据有关文件记载，在拿破仑时代，就是因为地籍的建立减少了关于地产所有权和使用权的边界纠纷。

基于以上原因，西方各国建立起了覆盖整个国家范围的国家地籍，对地籍事业的发展起到了决定性的作用。进入20世纪，由于人口增长及工业化等因素，社会结构变得更加复杂，各级政府和部门需要越来越多的信息来管理这个剧烈变迁的社会，同时认识到地籍是其管理工作中的重要信息来源。

在技术方面，土地质量评价的理论、技术和方法日趋完善，土地的质量评估资料被纳入地籍中。科学技术的发展，为测量技术提供了一个更加精确、可靠的手段，地籍图的几何精度和地籍的边界数据精度越来越高。地籍簿册登记的有关不动产性质、大小、位置等资料也越来越丰富。地籍在满足土地税收和产权保护的同时，其内涵又进一步丰富。为国家利益和大众利益而进行的各类道路规划设计以及政府决策越来越依赖已有的地籍资料。地籍资料不断地应用于各类规划设计、房地产经营管理、土地整理、土地开发、法律保护、财产税收等许多方面，使地籍的内容更加丰富，从而扩展了地籍的传统任务和目的，形成了多用途地籍或称现代地籍。

1.2.4.2　我国地籍的发展概况

我国是一个文明古国，地籍在我国有悠久的历史。在农业生产中，为解决分田和赋税问题，不但进行了土地测量，而且还建立了一种以土地为对象的征税簿册。颜师古对《汉书·武帝纪》中"籍吏氏马，补车骑马"的"籍"注为"籍者，总入籍录而取之"。

地籍概念的雏形始于我国的夏朝，即公元前21～公元前16世纪。

商、周时代，建立了一种"九一而助"的土地管理制度，即"八家皆私百亩，同养公亩"的井田制，并相应地进行了简单的土地测绘工作，这可视为我国地籍测量的雏形。据《汉书·食货志》中记述："六尺为步，百步为亩，亩百为夫，夫三为屋，屋三为井，井方一里，是为九夫；八家共之，各受私田百亩，公田十亩，是为八百八十亩，余二十亩以为庐舍。"它较详细地描述了当时的土地管理制度以及量测经界位置和面积的方法。

到了春秋中叶以后（约公元前 770～公元前 476 年），鲁、楚、郑三国先后进行了田赋和土地调查工作。例如在公元前 548 年，楚国先根据土地的性质、地势、位置、用途等划分地类，再拟定每类土地所应提供的兵、车、马、甲盾的数量，最后将土地调查结果作系统记录，制成簿册。

地籍的历史发展与社会生产关系的变化密切相关。随着社会生产力的发展，社会生产关系处于不断变化之中，相应地，地籍的内容也会发生变化。孟子曾说："夫仁政必自经界始，经界不正，井地不均，谷禄不平；是故暴君污吏，必漫其经界。经界既正，分田制禄，可坐而定也"。在这里，正经界是地籍工作的重要内容，所以地籍在生产关系调节中占有重要地位。公元前 216 年，《册府元龟》记载："始皇帝三十一年，使黔首自实田。"即令人民自己申报田产面积进行登记。

如何建立与土地私有制相适应的地籍制度成为历代封建王朝工作的重点。唐德宗建中年间，杨炎推行"两税法"，并进行大规模的土地调查，郑樵《通志》记载："至建中初，分遣黜陟使，按此垦田田数，都得百十余万顷。"

宋代对地籍管理极为重视，推行的一些整理地籍的办法对后代产生了深远的影响，其经界法地籍整理已具有产权保护的功能。宋代创立了三种地籍测量方法，即方田法、经界法、推排法。

宋代虽然创立了许多地籍管理的办法，但是未完成全国范围的土地清丈。真正完成全国土地清丈，并建立起完善的地籍制度的则是在明代。在总结宋代经界法经验的基础上，明代创立了鱼鳞图册（图 1-1）制度，而且还同时进行人口普查，将其结果编为黄册。黄

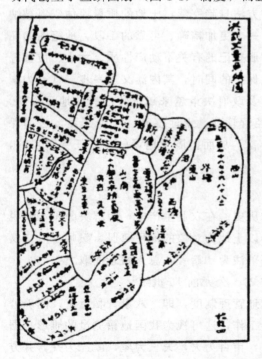
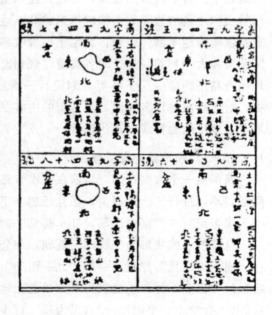

图 1-1　鱼鳞图册

册和鱼鳞图册是相互补充的。陆仪的《论鱼鳞图册》记有："一曰黄册，以人户为母，以田为子，凡定徭役，征赋税用之。一曰鱼鳞图册，以田为本，以人户为子，凡分号数，稽四至，则用之。"这时，地籍完全从户籍中独立出来，这是我国地籍制度发展变化的重要里程碑。此后，与封建土地私有制相适应的地籍制度终于形成。

民国初期至新中国成立初期，开始进入产权地籍。它不仅具有传统的税收功能，而且具有了产权的功能，并为政府的土地管理服务。

新中国成立及以后的土地改革运动，在全国范围内广泛开展了土地清丈、地块分割合并、划界定桩等普及性的地籍测量工作，并进行了土地登记、发证，完成了土地改革的历史使命，实现了土地国有化和农民群众耕者有其田的社会变革，促进了社会进步与安定。这时的地籍测量是为土地分配问题服务的，即解决农民耕种土地的权属问题，所建立的地籍为产权地籍。

从土改以后直到 20 世纪 70 年代的 20 年里，我国的地籍管理工作基本中止了，经济建设处于时起时伏的封闭状态，经济发展虽有所增长，但与同期的发达国家相比，差距相对拉大了。20 世纪 80 年代中期，随着经济体制改革、对外开放和社会经济的发展，有偿使用土地和土地使用权转让变得越来越重要，逐步了开展农村地籍调查和城镇地籍调查，从此进入多用途地籍时代。

1.3　地籍测量的内容与特点

1.3.1　地籍测量的概念

地籍测量是为获取和表达地籍信息所进行的测绘工作，其基本内容是测定土地及其附着物的权属、位置、数量、质量和利用状况等。

同其他测量工作一样，地籍测量要遵循"先控制后碎部、由高级到低级、从整体到局部"的测量工作原则，以保证测量成果满足精度要求。

1.3.2　地籍测量的内容

地籍测量的具体内容包括如下几方面。

（1）地籍控制测量　建立地籍基本控制网和地籍图根控制点。

（2）界线测量　测定行政区划界线和土地权属界线的界址点坐标。

（3）地籍图测绘　测绘分幅地籍图、土地利用现状图、宗地图等。

（4）面积测算　测算地块和宗地的面积，进行面积的平差与统计。

（5）土地信息的动态监测　进行地籍变更测量，包括地籍图的修测、重测和地籍簿册的修编，以保证地籍成果资料的现势性与正确性。

（6）根据土地整理、开发与规划的要求，进行有关的地籍测量工作。

1.3.3　地籍测量的特征

地籍测量与基础测绘、专业测量有着明显不同，其本质的不同表现在凡涉及土地及其附着物的权利和利用的测量都可视为地籍测量，具体表现为如下几方面。

（1）地籍测量是一项具有政府行为的基础测绘工作。地籍测量不仅是一项基础性的测绘工作，也是政府行使土地行政管理职能、具有法律意义的行政性技术行为。

（2）地籍测量为土地管理提供了精确、可靠的地理参考系统。测绘技术一直是地籍技术的基础技术之一，地籍测量技术不但为土地的税收和产权保护提供精确、可靠并能被法律事实接受的数据，而且借助现代先进的测绘技术为地籍提供了一个大众都能接受的具有法律意义的地理参考系统。

（3）地籍测量具有勘验取证的法律特征。无论是产权的初始登记，还是变更登记或他项权利登记，在对土地权利的审查、确认、处分过程中，地籍测量所做的工作就是利用测量技术和方法对权属主提出的权利申请进行现场的勘查、验证，为土地权利的法律认定提供准确、可靠的物权证明材料。

（4）地籍测量的技术标准必须符合土地法律的要求。地籍测量的技术标准既要符合测量的观点，又要反映土地法律的要求，它不仅表达人与地物、地貌的关系和地物与地貌之间的联系，而且同时反映和调节着人与人、人与社会之间的以土地产权和利用为核心的各种关系。

（5）地籍测量工作有非常强的现势性。由于社会发展和经济活动使土地的利用和权利经常发生变化，而土地管理要求地籍资料有非常强的现势性，因此必须对地籍测量成果进行适时更新，所以地籍测量工作比一般基础测绘工作更具有经常性的一面，且不可能人为地固定更新周期，只能及时、准确地反映实际变化情况。地籍测量始终贯穿于建立、变更、终止土地利用和权利关系的动态变化之中，并且是维持地籍资料现势性的主要技术之一。

（6）地籍测量技术和方法是对当今测绘技术和方法的应用集成。地籍测量技术是普通测量、数字测量、摄影测量与遥感、面积测算、误差理论和平差、大地测量、空间定位技术等技术的集成式应用。根据土地管理和房地产管理对图形、数据和表册的综合要求，组合不同的测绘技术和方法，并进行综合应用。

（7）从事地籍测量的技术人员应有丰富的土地管理知识。从事地籍测量的技术人员，不但应具备丰富的测绘知识，还应具有不动产法律知识和地籍管理方面的知识。地籍测量工作从组织到实施都非常严密，它要求测绘技术人员与地籍调查人员密切配合、细致认真地作业。

1.3.4 地籍测量的发展概况

1.3.4.1 国外地籍测量的发展概况

测绘技术产生之初的主要应用之一就是解决土地的划分和测算田亩的面积。约在公元前30世纪，古埃及及皇家登记的税收记录中，有一部分是以土地测量为基础的，在一些古墓中也发现了土地测量者正在工作的图画。

公元前21世纪，尼罗河洪水泛滥时就曾以测绳为工具、用测量方法测定和恢复田界。

公元11世纪前，不管土地管理制度如何改变或不同，地籍测量的简单技术、方法和工具都是量测土地经界和面积的有力手段。

1086 年，一个著名的土地记录——末日审判书（The Doomsday Book），在英格兰创立，完成了大体覆盖整个英格兰的地籍测量，遗憾的是这个记录没有标在图上。

1628 年，瑞典为了税收目的，对土地进行了测量和评价，包括英亩数和生产能力，并绘制成图。

1807 年，法国为征收土地税而建立地籍，开展了地籍测量。1808 年，拿破仑一世颁布全国土地法令。这项工作最引人注目的是布设了三角控制网作为地籍测量的基础，并采用了统一的地图投影，在 1∶2500 或 1∶1250 比例尺的地籍图上定出每一街坊中地块的编号，这样在这个国家中所有的土地都做到了唯一划分。这时的法国已建立了一套较完整的地籍测量理论、技术和方法。现在许多国家仍在沿用法国拿破仑时代的地籍测量思想及其所形成的理论和技术。

19 世纪和 20 世纪中叶以前是地籍测量理论和技术不断发展完善的阶段。20 世纪以来，由于社会的不断变革和发展，人口的急剧增长和建设事业的迅猛发展，迫切要求及时解决土地资源的有效利用和保护等问题，由此对地籍测量提出了更高的要求，各国政府对此项工作也普遍重视；而计算机技术、光电测距、航空摄影测量与遥感技术、GPS 定位技术以及卫星监测技术的迅速发展，也使得地籍测量理论和技术得到不断发展，并可对社会发展过程中出现的各种问题进行及时解决。现在，发达国家都陆续开展了由政府监管的以地块为基础的地籍或土地信息系统的建立工作。

1.3.4.2 我国地籍测量的发展概况

据《中国历代经界纪要》记载：“中国经界，权舆禹贡”。从商周时代实行井田制起就开始了对田地界域进行划分和丈量。从出土的商代甲骨文中可以看出耕地被划分呈“井”字形的田块，此时已用“规”、“矩”、“弓”等测量工具进行土地测量，已有了地籍测量技术和方法的雏形。

1387 年，中国明代开展地籍测量，编制鱼鳞图册，以田地为主，绘有田块图形，分号详列面积、地形、土质以及业主姓名，作为征收田赋的依据。到 1393 年完成全国地籍测量并进行土地登记，全国田地总计为 8507523 顷。

1914 年，国民政府设立经界局，其下成立经界委员会，并设测量队，制定了《经界法规草案》。1922 年，国民政府为开展土地测量，聘请德国土地测量专家单维康为顾问。1927 年，上海开始进行土地测量，这是我国用现代技术方法进行的最早的地籍测量。1928 年，国民政府在南京设立内政部，下设土地司，主管全国土地测量。1929 年南京政府决定将陆军测量总局改为参谋部陆地测量总局，兼有土地测量任务。同年，内政部公布《修正土地测量应用尺度章程》。1931 年，陆地测量总局会同各有关部门召开了全国经纬度测量及全国统一测量会议，制定了 10 年完成全国军用图、地籍图的计划，确定用海福特椭圆体、兰勃特投影，改定新图廓。1932 年，陆地测量总局航测队应江西要求，首次在江西省施测了地籍图。以后，还做过无锡及苏北几个县的土地测量。20 世纪 30～40 年代，国民政府为“完成地价税收政策之准备工作，并进而开征地价税；推行保障佃农，扶植自耕农，以促进农业生产的目的，调整地政机构，训练地政人员，制造测量仪器，以举办各省、县市地籍整理，进行清理地籍，确定地权，规定地价"。1942年，各省地政局下设地籍测量队，还设立了测量仪器制造厂。1944年地政署公布了《地籍测量规则》，这是我国第一部完整的国家地籍测量法规，也标志着我国地籍测量发展进入了一个新的阶段。确切地说，我国的现代地籍管理始于这个时期。

由于历史的原因，至20世纪80年代中期，我国才正式开展地籍测量工作。为适应我国经济发展和改革开放的形势，国家于1986年成立国家土地管理局，并颁布了《中华人民共和国土地管理法》。至此，地籍测量成为我国土地管理工作的重要组成部分。国家相继制定了《土地利用现状调查规程》、《城镇地籍调查规程》、《地籍测量规范》、《房产测量规范》等技术规则，开展了大规模的土地利用调查、城镇地籍调查、房产调查和行政勘界工作，同时进行了土地利用监测，理顺了土地权属关系，解决了大量的边界纠纷，达到了和睦邻里关系和稳定社会秩序的目的。

国内多所院校相继开设了相关学科专业和课程，培养了大批地籍测量方面的人才，并对地籍测量理论和技术进行了大量的研究工作。GPS定位理论和技术已在我国城镇地籍测量和省、市、县勘界工作中得到全面应用。卫星资源遥感已广泛用于土地利用监测，其技术和理论十几年来一直在发展和完善之中。为治理环境和提高土地生产力，全国各地做了大量的土地整理测量工作。近年来，航空摄影技术应用于农村地籍测量和土地利用现状调查。

1.4　地籍调查的目的与原则

1.4.1　地籍调查的概念及分类

在进行地籍测量之前，必须进行地籍调查，即调查土地及其附着物的社会、经济和法律方面的信息，实地确认土地及其附着物的权属界址和利用状况，并填写地籍调查表，为土地及其附着物的精确定位、面积测算等地籍测量工作提供基础资料。

（1）地籍调查的概念　地籍调查是遵照国家的法律规定，对土地及其附着物的权属、数量、质量和利用现状等基本情况进行的调查。它既是一项政策性、法律性和社会性很强的基础工作，又是一项集科学性、实践性、统一性、严密性于一体的技术工作。

（2）地籍调查的分类

① 根据调查时间及任务的不同，地籍调查可分为初始地籍调查和变更地籍调查。

初始地籍调查是指对调查区范围内全部土地在初始土地登记之前进行的地籍调查。初始地籍调查一般是在无地籍资料或地籍资料比较散乱、严重缺乏、陈旧的状况下进行的调查工作，但不是指历史上的第一次地籍调查。这项工作涉及司法、税务、财政、规划、房产等方面，规模大，范围广，内容繁杂，费用巨大。

变更地籍调查是指为了保持地籍的现势性和及时掌握地籍信息的动态变化而进行的经常性的地籍调查，是在初始地籍的基础上进行的，是地籍管理的经常性工作。

② 按调查区域的功能不同，地籍调查可分为农村地籍调查和城镇地籍调查。

目前农村地籍调查主要有土地利用现状调查、土地质量调查、土地权属调查等。《土地利用现状调查规程》规定了境界（各级行政区划界线）和土地权属界（村、农、林、牧、渔场界，居民地以外的企事业单位的土地所有权和使用权界）的调查内容、方法。

城镇地籍调查是指城镇及村庄内部的地籍调查，主要对城镇、村庄范围内部土地的权属、位置、数量、质量和利用状况等进行调查。

合理利用城镇土地，对城镇和国家经济的发展起着重要作用。自 1985 年以来，为加强城镇的土地管理，配合国家开征城镇国有土地使用费（税），根据《城镇地籍调查规程》，全国各省、自治区、直辖市的城镇积极进行初始地籍调查。农村地籍调查和城镇地籍调查要互相衔接，既不能重复又不能遗漏。在地籍调查时，调查的内容应覆盖调查区域的每一块土地，其中土地权属调查和房地产的权属调查是核心。

1.4.2　地籍调查的目的

随着人口的增加和经济的发展，各方面对土地的需求与日俱增。但土地的面积是有限的、位置是固定的，自然供给缺乏弹性，珍惜和合理利用每一寸土地是土地管理的根本目的。为了做好土地管理，必须掌握土地的以下基本信息。

（1）土地的权属状况及其空间分布。

（2）土地的数量及其在国民经济各部门、各土地权属间的分布状况。

（3）土地的质量及使用状况。

因此必须根据科学的地籍制度，全面进行地籍调查，搜集上述基本信息。地籍调查的根本目的为维护土地制度、保护土地产权、制定土地政策和合理利用土地等提供基础资料。

1.4.3　地籍调查的内容

由于建立地籍的目的以及地籍制度不同，地籍调查的内容也不同。

（1）税收地籍调查的内容　以财政目的为主的税收地籍调查，对土地只需调查以下两个问题：一是土地权利状况，即纳税人情况，包括姓名或单位名称、地址等；二是计算赋税的依据，即需要纳税的土地类型、土地面积和土地等级等。

（2）产权地籍调查的内容　以产权保护为目的的产权地籍，除了为税收服务之外，还要保护土地所有者和使用者的合法权益，为国家对土地的管理和监督提供证明材料。因此，产权地籍调查应以土地权属调查为核心内容，同时调查土地利用状况和其他要素。

（3）多用途地籍调查的内容　与产权地籍相比，多用途地籍的内容更加丰富。其具体内容如下。

① 土地及其附着物的权属，包括权利人状况、权源、权利性质、权利限制等。

② 土地及其附着物的位置，包括地理位置、权属界址等。

③ 土地及其附着物的数量，包括土地面积、建筑占地面积、总建筑面积等。

④ 土地及其附着物的质量，包括土地等级、基准地价、建筑物的结构和层数、各种房地产价格等。

⑤ 土地及其附着物的利用状况，包括土地类型、容积率、建筑密度、建筑间距、各

类别面积比例。

另外，一般附有高程、地形等图示资料。

1.4.4　地籍调查的原则

为了保证地籍调查工作顺利开展，避免不应有的矛盾，地籍调查应遵循以下原则。

（1）符合国家土地、房地产和城市规划等有关法律的原则。

（2）实事求是的原则。调查时，在依法与现状结合的前提下，充分考虑历史背景。

（3）符合地籍管理的原则。以科学的地籍制度为基础，保证地籍的现势性与系统性、可靠性与精确性、概括性与完整性。

（4）符合多用途的原则。

① 以地块（宗地）为单位进行地籍调查。

② 调查前应收集有关测绘、地政、房地产产权产籍、规划、建筑物报建等资料。

③ 应采用空间上全覆盖的调查方法，调查区域的每一块土地，每一个宗地的情况都要调查清楚，包括道路、桥梁、河流、水面、山地、农田等。

④ 地籍调查结果要做到图形、数据、簿册之间具有清晰的一一对应关系。

1.5　地籍管理的目的与内容

1.5.1　地籍管理的概念

地籍管理是国家或地方政府为了掌管土地权属，行使国家土地所有权管理，掌握土地信息，保护土地所有者、使用者的合法权益，仲裁土地纠纷，研究有关土地政策而采取的行政、法律、经济和技术的综合措施体系。

地籍管理的核心是土地的权属问题，包括土地的所有权和使用权的确认和变更。

1.5.2　地籍管理的目的

地籍管理属国家地政管理的范畴，是执行国家土地法令法规、维护国家土地政策的基础环节。因此，地籍管理具有鲜明的阶级性和政治性。社会主义国家的地籍管理与资本主义国家的地籍管理有着根本性的区别。在资本主义国家，地籍管理是为维护土地私有制、维护少数土地垄断者利益服务的上层建筑，是为巩固资本主义生产关系服务的国家行政措施。

在社会主义制度下，实行土地公有制，即土地属于国家全民所有和劳动群众集体所有，消灭了少数人占有大量土地的社会形态。在土地公有制度下，地籍管理是为全体劳动人民和全社会服务的。因此，我国的地籍管理是为维护土地的社会主义公有制，保护土地所有者和使用者的合法权益，促进土地的合理开发、利用，编制土地利用总体规划、土地利用年度计划，制定有关土地政策、法律等，提供、保管、更新有关土地自然、经济、法规等方面的信息服务。

在加快我国经济转型、对外开放和推进全面建设小康社会的进程中，在社会主义市场经济发展和完善过程中，地籍管理担负着土地使用制度改革的历史重任。对城镇土地使用税和农村耕地占用税的征收，起着督导的作用；对国有土地的有偿使用、转让、出让，开辟市场环境；对控制非农业建设用地、完善联产承包责任制、监督土地流转，提供基础资料和保证。

1.5.3　地籍管理的内容

地籍管理的内容一方面取决于社会生产水平及其相适应的生产关系的变革；另一方面取决于它的研究对象（土地）的特性。在一定的社会生产方式下，它具有特定的内容。就我国目前的情况看，地籍管理应包括的内容为：地籍调查、土地分等定级、土地登记、土地统计、估价和地籍档案管理等。

（1）地籍调查　地籍调查是国家采用科学方法，依照有关法律程序，通过权属调查和地籍测量，查清每一宗土地的位置、权属、界线、数量和用途等基本情况，以图、簿示之，在此基础上进行土地登记。

（2）土地分等定级　土地分等定级是在土地利用分类和土地调查的基础上，根据土地的自然、经济条件，进一步确定各类土地的等级。土地分等定级是合理征收土地税（费）、确定土地补偿标准，制订土地经济政策和合理组织土地利用的依据。

（3）土地登记　土地登记是国家用以确认土地所有权、使用权，依法实行土地权属的申请、审核、登记造册和核发证书的一项措施。

（4）土地统计　土地统计是国家对土地的数量、质量、分布、利用和权属状况进行统计调查、汇总、统计分析和提供土地统计资料的制度。

（5）地籍档案管理　地籍档案管理是以地籍活动的历史记录、文件、图册为对象进行的收集、整理、鉴定、统计、保管、利用等各项工作的总称。

地籍管理的各项内容是相互联系和衔接的。地籍调查和土地分等定级是基础，土地登记、土地统计是土地调查的后续工作，是巩固土地调查成果并保持其现势性的必要措施，并为开展地籍管理各项工作提供参考和依据。

1.5.4　地籍管理的原则

为保证地籍管理工作的顺利进行，并力求取得预期的效果和经济效益，地籍管理必须遵循以下原则。

（1）地籍管理必须按国家规定的统一法规制度进行　地籍管理历来是国家地政措施的重要组成部分，国家必须对地籍管理的各项工作制定规范化的政策和技术要求。首先，国家制定统一的地籍工作体系，制定统一的工作规范；其次对地籍的簿册、图件等的格式、项目、填写内容及详细程度，土地登记、土地统计报表制度，以及地籍资料中有关土地分类系统等做出统一规定。

（2）保证地籍资料的系统性、连续性和现势性　地籍的各种资料分门别类要有条例，各时期资料相互联系，并不断得到更新，这样地籍资料才能为各项工作服务。另外，地籍管理制度必须保持相对的稳定性，即地籍工作的项目及文件格式、要求等应保持相对稳定，否则初始地籍与日常地籍很难衔接。

（3）保证地籍资料的可靠性和精确性　地籍资料是制定土地利用规划以及其他有关土地利用政策的依据，同时又是确定土地所有权和使用权的法律凭证，因此它必须具有相当的可靠性和精确性。因此，要求地籍资料必须具有一定精度要求的测量、调查和土地分等定级的成果资料。凡是涉及到权属的，必须以相应的法律文件为依据，宗地界址线、界址点，应达到随时在实地复原的要求，土地登记面积要求精确，土地统计资料必须做到可以相互校核的要求。

（4）保证地籍资料的概括性和完整性　为保证地籍资料的可靠性和精确性，除需要采用正确的测量和评价方法外，还需保证地籍资料的概括性和完整性。所谓概括性是指地籍资料内容包含所需的全部资料；所谓完整性是指地籍资料的对象必须是完整的地域空间，地区之间、地块之间必须有严格的接边措施，不能出现重复和遗漏。

1.6　数字地籍测量概述

1.6.1　数字地籍测量的概念

地籍测量技术和方法是当今测绘技术应用的集成，是与测绘技术和方法同步发展的。传统的地籍测量利用大平板、小平板、经纬仪对各种地籍要素及有关的地物和地貌要素进行测定，用专用符号并按一定的比例尺绘制成图，其成果是人工绘制的模拟地籍图。

科学技术的进步，计算机的普及，各种软件的开发和电子测绘仪器的发展与应用，促进了测绘技术向自动化、数字化方向发展。测量成果不再是纸质图，而是以数字形式存储在计算机中可以传输、处理、共享的数字图。

数字地籍测量是利用先进仪器和设备采集各种地籍与房产信息数据，传输到计算机中，再利用专业软件对采集的数据进行加工处理，最后输出并绘制各种所需的地籍图件和表册的一种自动化测绘技术和方法。

数字地籍测量是数字测绘技术在地籍测量中的应用，其实质是一种全解析的机助测图方法。数字地籍测量是以计算机为核心工具，在外连输入输出设备及软硬件的支持下，对各种地籍信息数据进行采集、输入、成图、绘图、输出、管理的测绘方法。数字地籍测量是一个融地籍测量外业、内业于一体的综合性作业系统，是计算机技术用于地籍管理的必然结果。它的最大优点是在完成地籍测量的同时还可建立地籍图形数据库，从而为实现现代化地籍管理奠定基础。

数字地籍测量的工作内容包括数据采集、数据处理、成果输出以及数据管理四个方面。

1.6.2　数字地籍测量系统

数字地籍测量系统是以计算机为核心的。如图 1-2 所示，它的硬件由计算机主机、全站型电子速测仪、数据记录器（电子手簿）、数字化仪、打印机、绘图仪及其输出和输入设备组成。

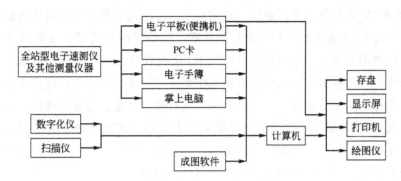

图 1-2 数字地籍测量统硬件组成

全站型电子速测仪采集野外数据通过数据记录器（电子手簿、PC卡、掌上电脑）输入计算机（包括台式和便携式）。功能较全的全站型电子速测仪可以直接与计算机进行数据传输。若用便携式计算机作电子平板，则可将其带到现场，直接与全站仪通信，记录数据，实时成图。绘图仪和打印机是该系统不可缺少的输出设备。数字化仪通常用于现有地图的数字化工作。其他输入、输出设备还有图像/文字扫描仪、磁带机等。计算机与外接输入、输出设备的连接，可通过自身的串行接口、并行接口及计算机网络接口实现。

1.6.3 数字地籍测量模式

数字地籍测量模式有三种，即野外数字地籍测量模式、数字摄影地籍测量模式和内业扫描数字化地籍测量模式。这三种模式各有优缺点，它们相互补充，相辅相成，可实现地籍信息的全覆盖采集。

（1）野外数字地籍测量模式 对于尚未测绘大比例尺地籍图的城镇地区，该模式是一种可行和有效的测量模式。所采集的数据经过后续软件的处理，便可得到该地区的大比例尺地籍图以及其他各种专题图，同时还可以为建立该地区的地籍数据库提供基础数据。根据数据采集所使用的硬件不同又可分为以下几种模式。

① 全站仪＋电子记录簿（如 PC-E500、GRE3、GRE4 等）＋测图软件 这种采集方式是利用全站仪在野外实地测量各种地籍要素的数据，在数据采集软件的控制下实时传输给电子手簿，经过预处理后按相应的格式存储在数据文件中，同时绘制草图，供测图软件进行编辑成图。这是早期主要的数字地籍测量模式。其优点是容易掌握；缺点是草图绘制复杂，容易出错，工作效率不高。

② 全站仪＋便携式计算机＋测图软件 这是一种集数据采集和数据处理于一体的数字式地籍测量方式，由全站仪在实地采集全部地籍要素数据，由通信电缆将数据实时传输给便携式计算机，数据处理软件实时处理并显示所测地籍要素的符号和图形，原始采样数据和处理后的有关数据均记录于相应的数据文件或数据库中。由于现场成图，因而这种模式具有直观、速度快、效率高的优点；其缺点为便携式计算机价格昂贵、适应野外环境的能力较差。

③ 全站仪＋掌上电脑＋测图软件 这种模式的作业方式与上一种相同。由于掌上电脑价格低廉、操作简便、现场成图、速度快、效率高，其应用前景十分广阔。

④ GPS-RTK 接收机＋测图软件　利用 GPS-RTK 接收机在野外实地测量各种地籍要素的数据，经过 GPS 数据处理软件进行预处理，按相应的格式存储在数据文件中，同时绘制草图，供测图软件进行编辑成图。GPS-RTK 接收机是一种实时、快速、高精度、远距离数据采集设备，发展于 20 世纪 90 年代中期。其显著的优点是控制点大大减少。在平坦地区，一个控制点可测量几十平方公里甚至几百平方公里；在复杂地区，也比前三种模式的控制点减少 10 倍以上，因此其测量效率大大提高。其缺点为必须绘制测量草图。一些无线电死角和卫星信号死角无法采集数据，必须用全站仪进行补充。这种模式在土地利用现状调查及其变更调查、土地利用监测中将大显身手。

⑤ GPS-RTK 接收机＋全站仪＋掌上电脑＋测图软件　这种模式可以克服以前几种数字测量模式的缺点，发挥它们各自的优点，可适应任何地形环境条件和任意比例尺地籍图的测绘，实现全天候、无障碍、快速、高精度、高效率的内外业一体化采集地籍信息，是未来发展的必然方向。

（2）数字摄影地籍测量模式　这种数据采集的方式是基于数字影像和摄影测量的基本原理，应用计算机技术、数字影像处理、影像匹配、模式识别等多学科的理论与方法，在数字影像上利用专业的摄影测量软件来采集和处理数据，从而获得所需要的基本地籍图和各种专题地籍图，如土地利用现状图等。

（3）内业扫描数字化地籍测量模式　这种数据采集方式是利用数字化仪或扫描仪对已有的地籍图进行数字化，将地籍图的图解位置转换成统一坐标系中的解析坐标，并应用数字化的符号和计算机键盘输入地籍图符号、属性代码和注记；而界址点的坐标数据可由全野外测量得到，或把已有界址点的坐标数据输入计算机，然后将这两部分数据叠加，再利用数据处理软件通过编辑得到各种地籍图和表册。

在实际工作中，数字地籍测量主要是指大比例尺全野外地面数字地籍测量。近年来，在农村土地利用调查中，同时采用多种测量模式进行作业，如利用全站仪或 GPS-RTK 接收机测量界址点的坐标，利用数字摄影地籍测量模式测定建筑物的位置或尺寸，这样可大大提高工作效率。

1.6.4　数字地籍测量的特点

与模拟测图相比，数字地籍测量具有明显的优势和广阔的发展前景，其特点主要体现在以下几个方面。

（1）自动化程度高　因数字地籍测量采用先进的仪器和设备，其野外测量能够自动记录，自动解算处理、自动成图、绘图，并向用图者提供可传输、处理、共享的数字地籍图。数字地籍测量的自动化程度高，作业效率高，劳动强度小，错误概率小，绘制的地图精确、美观、规范。

（2）精度高　模拟测图方法的比例尺精度决定了图的最高精度，因此无论所采用的测量仪器精度多高，测量方法多精确，都无法消除手工绘制对地籍图精度的影响。数字地籍测量在记录、存储、处理、成图的全过程中，观测值是自动传输的，数字地籍图毫无损失地体现外业的测量精度。

（3）现势性强　数字地籍测量克服了纸质地籍图连续更新的困难。地籍管理人员只需将数字地籍图中变更的部分输入计算机，经过数据处理即可对原有的数字地籍图和相关的信息作相应的更新，保证了地籍图的现势性。数字地籍测量的这种优势在城镇变更地籍中已得到充分体现。

（4）整体性强　传统地籍测量是以幅图为单位组织施测。数字地籍测量在测区内部不受图幅限制，作业小组的任务可按照河流、道路的自然分界来划分，也可按街道或街坊来划分，当测区整体控制网建立后，就可以在整个测区内的任何位置进行实测和分组作业。因此，其成果可靠性强，精度均匀，减少了传统测量图幅接边的问题。

（5）适用性强　数字地籍测量是以数字形式储存信息，可以根据用户的需要在一定范围内输出不同比例尺和不同图幅大小的地籍图，输出各种分层叠加的专用地籍图。数字地籍图可以方便地传输、处理和供多用户共享，可以自动提取点位坐标、两点间距离、方位角，量算宗地面积，输出各种地籍表格，等等。通过接口，数字地籍图可以供地理信息系统建库使用；可依软件的性能，方便地进行各种处理、计算，完成各项任务。数字地籍测量既保证了高精度，又提供了数字化信息，可以满足建立地籍信息系统及各专业管理信息系统的需要。

但是，数字地籍测量也有缺点：一是硬件要求高，一次性投入太大，成本高；二是利用全站型电子速测仪或 GPS 与电子手簿野外采集数据时必须绘制草图，这在一定程度上会影响工作效率，增加野外操作人员的负担。然而，随着便携式计算机和掌上电脑在野外测绘的应用，这种状况已经得到改进，并使数字地籍测量工作向内外业一体化的方向发展。

1.6.5　数字地籍测量的作业流程

数字地籍测量可以分为四个阶段，即数据采集、数据处理、数据输出和数据管理。图 1-3 所示为全野外数字地籍测量的作业流程。数据采集是在野外和室内电子测量与记录仪器上获取数据，这些数据要按照计算机能够接受的和应用程序所规定的格式记录。从采集的数据转换为地籍图数据，需要借助计算机程序，在人机交互方式下进行复杂的处理，如坐标转换、地图符号的生成和注记的配置等，这就是数据处理阶段。地籍图数据的输出以图解和数字两种方式进行。图解方式是利用自动绘图仪绘图；数字方式是数据的存储，建立数据库。在数据采集、数据处理和数据输出工作完成之后，还要对测量的原始数据、编辑的图、生成的表册、文本资料、建立的数据库等进行科学管理，以防丢失、损坏，确保安全。

1.6.6　数字地籍测量的发展概况

20 世纪 50 年代美国国防制图局开始制图自动化的研究，这一研究同时也推动了制图自动化全套设备的研制，包括各种数字化仪（手扶数字化仪及半自动跟踪数字化仪）、扫描仪、数控绘图仪以及计算机接口技术等。随着计算机及其外围设备的不断发展和完善，20 世纪 70 年代，对计算机制图理论和应用（如地图图形数字表示和数学描述，地图资料的数字化和数据处理方法，地图数据库和图形输出等）问题进行了深入的研究，使制图自动化形成了规模生产，美国、加拿大及欧洲各国在相关的重要部门都建立了自动制图系

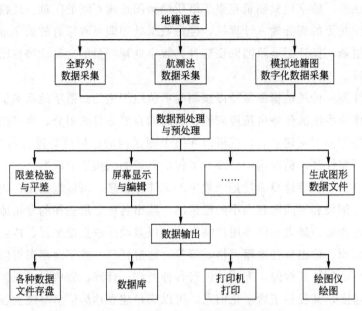

图 1-3　全野外数字地籍测量流程

统。进入 20 世纪 80 年代，世界上各种类型的地图数据库和地理信息系统（GIS）相继建立，计算机制图得到了极大发展和广泛应用。

我国数字地籍测量是随着数字测图的发展而产生的，数字测图的发展大致经历了以下三个阶段。

第一阶段是 1980～1987 年。这一阶段参加研究的人员和单位比较少，人们对数字测图的许多问题还模糊不清，再加上当时测图系统的硬件和软件的限制，所研制的数字测图还很不成熟。

1988～1991 年为第二阶段。这一阶段参加研制的单位和人员增多，先后研制了十几套数字测图系统，并在生产中得到应用。野外数据采集开始采用国内自行研制的电子手簿进行自动记录、计算和图形信息的输入与修改等。编码方法一种是采用绘制简单草图，然后再根据草图进行数据编码；另一种是直接野外编码，不绘草图。内业图形编辑已有了全部自行研制开发的地图图形编辑系统，可对所测的数字图在屏幕上进行各种编辑和汉字、字符注记，也有的是在 AutoCAD 平台上进行二次开发，利用 AutoCAD 强大的绘图功能进行图形编辑。

1992 年以后为第三阶段，我国数字测图进入了全面发展和广泛应用阶段。随着我国大范围数字测图的生产和应用，人们对数字测图的认识进一步提高，并提出了一些新的更高的要求，数字测图不再局限于前一阶段只生产数字地图这一范围，而更多地考虑数字地图产品如何与各类专题 GIS 进行数据交换，如何应用数字地图产品进行工程计算。因而，人们开始对前一阶段研制的各种数字测图系统的数据结构、开发性、可扩充性等进行了新的研究，并进行大范围多种图（地形图、地籍图、管线图、工程竣工图等）的试验和生产，在此基础上，国内推出了成熟的、商品化的数字测图系统，并在生产中得到了广泛的应用。

随着数字测图的科学技术理论与实践的进步，这项技术也逐步应用到地籍测量中。一些数字成图软件的研制和开发进一步促进了数字地籍测量的发展。数字地籍测量作为一种先进的测量方法，其自动化程度和测量精度均是其他方法难以达到的。目前，数字地籍测量已经逐步成为地籍测量的主流，正处于蓬勃发展的时期，其理论和方法也在实践中逐步得到完善和创新。

1.7 地籍图与地形图的差别

1.7.1 服务对象与用途上的差别

地形图是基础用图，它广泛地服务于国民经济建设和国防建设。地籍图是专门用图，主要应用于土地的权属管理，行使国家对土地的行政职能。

地形图反映自然地理属性，它完整地描绘地物地貌，真实地反映地表形态。地籍图主要反映土地的社会经济属性，完整地描绘房地产位置、数量，有选择地描绘地物，或概略地描绘地貌。

地形图可作为工程设计、铁路、公路、地质勘察等施工的工程用图。地籍图作为不动产管理、征税、有偿转让土地的依据，是处理房地产民事纠纷的法律文件。

地形图在图上量测地面坡度、纵横断面、土石方量、水库容积、森林覆盖面积和水源状况等。地籍图能在图上可以准确地量测土地面积、土地利用现状面积，注有房地产面积，可供分析土地利用合理配置等基本情况。

地形图可作为编制专题地图和小比例尺地形图的基础图件和底图，是国家地理信息数据库的重要资料来源，接受用户关于测绘信息等方面的查询。地籍图可作为编制土地利用图和城市规划图的重要图件，是国家土地信息数据库的重要资料来源，接受用户关于房地产转让、贷款、税收等方面的查询。

1.7.2 表示内容的差别

在地籍图上除了某些地物、地貌符号（如道路、水域等）与地形图表示方法基本相同外，主要表示地籍内容，如宗地、界址点和权属关系等。地籍图与地形图的内容对照见表 1-1。

表 1-1　地形图与地籍图的比较

表示内容		地形图	地籍图
数学要素	控制点	√	√
	坐标网	√	√
	比例尺	√	√
	经纬线	√	农村土地利用图有
	磁偏角	√	无
	界址点	无	√
自然要素	地　貌	√	择要表示
	水　域	√	表示主要的
	植　被	√	土地详查表示,城镇地籍简要表示
	农用土地	概括分类	详细分类

表示内容		地形图	地籍图
人文要素	房屋建筑	有时综合表示	详尽表示
	独立工厂	√	
	独立地物	√	择要表示
	管线垣栅	√	选择表示
	道　路	√	表示主要的
地籍要素	境界(县以上)	√	√
	权属界(乡以下)	一般不表示	详细表示
	房产状况	仅注建筑材料	详细调查
	土地利用分类	概略或不表示	详细分类
	街坊和单元编号	无	√
	权属主法人代表	无	√
文字注记	地理名称	√	√
	房屋边长和面积	无	√
	楼层和门牌号	√	√
	高程注记	√	概略或不注
	图廓注记	√	√
	比例尺注记	√	√
	其他注记	√	择要注记

1.7.3　作业过程的差别

地籍与地形测量在作业过程上的差别,如图 1-4 所示。

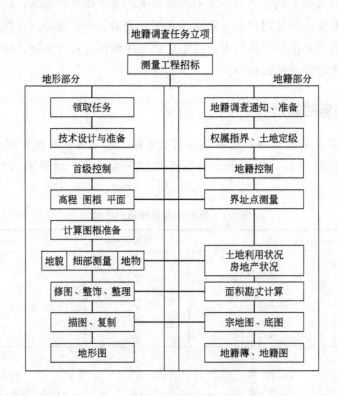

图 1-4　地籍与地形测量作业流程

在图 1-4 中左边框图是地形测量过程，它的最后产品是地形图，右边框中为地籍测量过程，它的最后成果包含地籍图和地籍簿。因此，地籍测量对社会的涉及面比地形测量要广得多，它包括测绘作业技能、土地政策、法律法规、涉及社会成员如市民、村民的切身利益，例如住房、财产、继承、民事纠纷等，是一项不动产的确认、保护、分割、合并、转移等诸因素的社会系统工程。为了做好这项工作，地籍测量不仅需要测绘专业知识，还应具备城市规划的土地法规方面的知识，方能熟练地履行职责。关于地籍测量的基本知识及更详细的实施方法，将在以后的章节中介绍。

思 考 题

1. 什么是地籍？在不同的历史阶段，地籍的内容和含义有何区别？

2. 地籍按用途、任务和服务对象不同分哪些类别？

3. 地籍有哪些功能？

4. 什么是地籍测量？地籍测量的内容有哪些？地籍测量有哪些特征？

5. 何谓地籍调查？地籍调查分哪些类别？

6. 初始地籍调查包括哪些内容？地籍调查应遵循哪些原则？

7. 何谓地籍管理？地籍管理的目的是什么？

8. 地籍管理的内容包括哪些方面？

9. 地籍管理应遵循哪些原则？

10. 何谓数字地籍测量？数字地籍测量系统由哪些软硬件组成？各有哪些作用？

11. 数字地籍测量模式有几种？各有什么特点？

12. 数字地籍测量的特点有哪些？

13. 试述地籍图与地形图的差别，列出二者在作业过程上的主要差别。

第2章 地籍调查的基本知识

地籍调查是地籍管理的重要工作之一。本章主要介绍土地权属及确认方式、土地划分与编号、土地利用现状分类、土地分等定级、土地登记与统计、地籍信息的编码与数据库等基本知识。

2.1 土地权属及确认

土地权属，即土地产权的归属，是存在于土地之中的排他性完全权利，简称地权。在地籍测量和权属调查中，要确认国家的和农民集体的土地所有权，保护公民个人对土地的使用权。

2.1.1 土地权属的分类

土地权属包括土地所有权、土地使用权、土地租赁权、土地抵押权、土地继承权、地役权等多项权利。其中土地所有权和土地使用权是最重要的权利。

2.1.1.1 土地所有权

土地所有权是土地所有制在法律上的表现，是从法律上确认人们对生产资料和生活资料所享有的权利。

土地所有权是指土地所有者在法律规定的范围内，对他所拥有的土地享有的占有权、使用权、收益权和处分权，包括与土地相连的生产物、建筑物的占有、支配、使用的权利。土地所有者除上述权利外，同时要有对土地的合理利用、改良、保护、防止土地污染、防止荒芜的义务。因此，土地所有制是经济基础，而土地所有权是上层建筑，后者是为前者服务的。

我国的土地所有权分为国家所有权和集体所有权，任何单位和个人或者其他组织不能取得土地所有权。《中华人民共和国土地管理法》第八条规定：城市市区的土地属于国家所有；农村和城市郊区的土地，除由法律规定属于国家所有的以外，都属于农民集体所有；宅基地和自留地、自留山属于农民集体所有。

新中国成立以来，土地的所有关系经历了如下三个阶段。

（1）新中国成立初至1957年，建立了土地国有和农民劳动者私有并存的土地关系。

（2）1958～1978年，建立了土地全民所有和农村劳动群众（农业社、人民公社）集体所有并存的关系。

（3）1978 年以后，我国城乡进行了经济体制改革，建立了土地全民所有和集体所有的所有制关系，同时，确立了国家、集体、个人使用和农民以户承包使用的所有权与使用权分离的土地使用制度。

2.1.1.2　土地使用权

土地使用权是指使用土地的单位和个人依法对一定的土地加以利用和获得收益的权利。按照有关规定，我国的企业、机关、团体、学校、农村集体经济组织以及其他企事业单位和公民，根据法律的规定并经有关单位批准，可以有偿或无偿使用国有土地或集体土地。

土地使用权是针对土地所有权根据社会经济活动的需要派生出来的一项权能，两者的登记人可能一致，也可能不一致。当土地所有权人同时是使用权人的时候，称为所有权人的土地使用权；当土地使用权人不是土地所有权人的时候，称为非所有权人的土地使用权。二者的权利和义务是有区别的。土地所有权人可以在法律规定的范围内对土地的归宿作出决定，例如征用、划拨、调整、承包和变更登记等，必须经土地所有权人的同意和认可。而土地使用权人只有使用、支配这块土地从而获得利益和收益的权利，它无权变更土地的权属。所以，土地使用权也称土地支配权或收益权，受法律和所有权的束缚。

根据我国土地使用权主体（法人代表）的不同，土地使用权可分为：全民所有制单位土地使用权，集体所有制单位土地使用权，个人土地使用权，同时，还有"三资"企业土地使用权。按土地使用权客体，可将土地使用权分为国有土地使用权、集体土地使用权以及土地承包经营权。前者主要是城市，后者主要是农村或城市郊区。

土地权属主是指具有土地所有权或土地使用权的单位或个人，简称权属主或权利人。

2.1.2　土地权属的确认方式

地籍调查土地权属的确认，是指在土地管理部门的主持下，由权属主（授权指界人）、相邻土地权属主（授权指界人）、地籍调查员或其他必要人员共同依法对土地权属的认定，包括权属类别和权属主的确认。权属类别是指土地所有权和土地使用权。权属主的认定是讨论一宗地归谁所有或归谁使用的问题，它涉及各权属单元的边界、界址，涉及用地的历史、现状和权源文件，是地籍调查中一件细致而复杂的工作，必须根据有关文件和实际状况，妥善处理好。

土地权属的确认方式主要有以下几种方法。

（1）文件确认　根据权属主所出示并被现行法律所认可的权源文件来确定土地使用权或所有权的归属。这是一种较规范的土地权属确认手段，常用于城镇土地使用权的确认。

（2）惯用确认　根据解放后若干年以来没有争议的惯用土地边界而进行认定的一种方法。这是一种非规范化的认定手段，主要适用于农村和城市郊区土地。在使用这种认定方法时，为防止错误认定，要特别注意以下几点：一是不能违背现行法规政策；二是尊重历史，实事求是；三是注意四邻认可和旁证。

（3）协商确认　当权源文件不详或认识不一致时，本着团结、互谅的精神，在土地主管部门派员和地籍调查员到场的情况下，采用权属双方或几方协商一致的原则进行认定。

（4）仲裁确认　在双方都能出示文件，但又有争议互不承认，达不成协议的情况下，由主管部门约定时间、地点，在几方都到场时，地籍管理部门依照有关规定，充分听取权属各方的申述，实事求是地、合理地进行划分界线裁决，不服从裁决者，可以向法院申诉，通过法律程序解决。

2.1.3　土地权属的确认

2.1.3.1　城市土地使用权的确认

城市的土地所有权是国家全民所有。因此，城市各权属单元只有土地使用权，而无土地所有权（郊区集体土地除外）。《中华人民共和国土地管理法》第十一条规定：单位和个人依法使用的国有土地，由县级以上地方人民政府登记造册，核发证书，确认使用权。城市土地使用权主要由下述文件确认。

（1）单位用地红线图　单位用地红线图是审核土地权属的权威性文件，是申请建设用地审批的重要依据。单位用地红线图一般标绘在 1∶2000 的地形图上，除绘有用地红线外，同时标有用地单位名称、用地批文的文件名、批文时间、用地面积、征地时间、经办人和经办单位盖章等。审批过程包括：立项、上级机关批准、用地所在市县审批、城市规划部门审核选址、地籍管理部门和建设用地部门审定和办理征（拨）地手续，再由城市勘测部门划定红线。在进行地籍调查时，根据该单位用地红线图来判定土地归属，并到实地根据单位用地红线图与地物的相关位置，勘定用地范围的边界。

（2）房地产使用证　改革开放以来，在土地管理法公布以前（1986 年），由政府授权城市房地产部门曾经组织过地籍测量，绘制过房产图，部分城市曾经核发过地产使用证、房地产使用证或房产所有权证等。根据有关文件精神，发放的这些证书有效，土地管理部门应予确权。

（3）土地使用合同书和协议书　新中国成立后一直到土地管理法出台的几十年中，随着社会经济的发展，各用地单位变化很大。有各系统之间的调整、变更，有各企业单位的合并、分割，有企业的兼并、转产，使用土地的权属发生了变化。在国家土地管理机构成立之前，只要它们达成了土地使用合同书或协议书的，本着尊重历史的原则，应予承认。同时，为了有利生产、方便生活，在土地管理法颁布前，各权属单元之间的换地协议书与合同书应视为有效。在进行地籍测量时，应予确权。

（4）征（拨）地批准书和合同书　在新中国成立后直至国有土地有偿使用制度出台前，企事业单位建设用地采取征（拨）地制度。对于持有建设单位征（拨）地批准书和合同书的，在进行权属调查时，应予确权，补办土地使用证。与四至单位有争议的，应予协商解决或仲裁解决。

（5）有偿使用合同书（协议书）和国有土地使用权证书　自改革开放以来，特别是土地管理法颁布实施之后，实行土地所有权与使用权分离，土地无偿使用变为有偿使用。政府土地管理部门作为国有土地所有权人，以一定的使用期限和审批手续，对土地使用权进行出让、转让或拍卖。成交后，签订有偿使用合同书（或协议书），规定权利和义务，交清款项，发放国有土地使用证。在地籍调查确权时，以土地有偿使用的文件和附图确权。

（6）城市住宅地产的确权　现阶段我国城市住宅有三种所有制，即全民所有制住宅、集体所有制住宅和个人所有制住宅。一般情况下，住宅的权属主同时是该住宅所坐落的土地使用权人，确认其土地使用权。单位住宅根据其征（拨）地红线图和有关文件确定之；个人住宅（含购商品房住宅）根据房产证、契约等文件确定之；奖励、赠与的房屋应根据奖励证书、赠与证书和有关文件（如房产证）确认土地使用权。

2.1.3.2　农村地区（含城市郊区）土地所有权和使用权的确认

农村，特别是城市郊区农村土地所有权和使用权的确认比较复杂，它涉及村与村、乡与乡、乡村与城市、村与独立厂矿及事业单位的边界等。它不但形式复杂，而往往用地手续不甚齐全。因此，农村土地调查应将文件确权、惯用确权、协商确权或仲裁确权几种形式结合起来确认土地权属，即土地所有权和土地使用权。对完成了土地利用现状调查的地区，其调查成果的表册和图件是很有说服力的确权文件，应予承认。

（1）农村集体土地所有权的确认　根据《中华人民共和国土地管理法》第十一条以及《中华人民共和国土地管理法实施条例》第四条规定：农民集体所有的土地，由土地所有者向土地所在地的县级人民政府土地行政主管部门提出土地登记申请，由县级人民政府登记造册，核发集体土地所有权证书，确认所有权。

（2）农村承包地使用权的确认　《中华人民共和国农村土地承包法》第十九条规定，土地承包首先由本集体经济组织成员的村民会议选举产生承包工作小组；然后承包小组依法拟订并公布承包方案，依法召开本集体经济组织成员的村民会议，讨论通过承包方案；公开组织实施承包方案；签订承包合同；最后，由县级以上人民政府向承包方颁发土地承包经营权证，并登记造册，确认土地承包经营权。

（3）农村集体建设用地使用权的确认　根据《中华人民共和国土地管理法实施条例》第四条第二款规定，农村集体所有的土地依法用于非农业建设的，由土地使用者向土地所在地的县级人民政府土地行政主管部门提出土地登记申请，由县级人民政府登记造册，核发集体土地建设用地使用权证书，确认建设用地使用权。

2.1.3.3　铁路、公路和军队国有土地使用权的确认

铁路、公路及军队各权属单元所使用的土地，其所有权属国家，使用权归各管理部门。由于铁路、公路分布广泛，管理分散，且与各农用集体土地、城市、村庄接壤，权属边界比较复杂。由于军队担负着国家保驾护航的光荣任务，要充分保证军队建设使用土地的需要。在进行土地权属调查时，按照有关铁路、公路和军事单位所使用的土地的确权原则，确认土地权属。

（1）铁路

① 我国的铁路用地，一部分是解放时接收的铁路路基地产，其余是解放后征地新建的。前者如契据资料完整，按有关规定划定界址。无据可查的，按惯用原则的现状进行确权。后者在建设铁路时已进行过征地或拨地，按有关文件和协议确权。铁路两侧有用地界桩者，以界桩为界确权。

② 铁路两侧为保护路基，均留有一定的宽度作为保护带。在这带状区域内，或是植树护堤，或有附近群众种庄稼，也可能是凹凸不平的土坑，均不能按征而不用的土地对

待，应按规定确权。

③ 护路带的宽度，解放初或解放前建成的铁路，路堤高在 3m 以下者，双轨线自线路中心起，两旁各占 30m；单轨线自线路中心起各占 20m；铁路大桥头两旁各占 60m。1957 年以后建设的铁路，两侧护路带按规定执行。

（2）公路　本节所指的公路，即国道、省道等一、二级公路，低等级公路按公路所在地的征地和用地有关批件和文件确权。

当国道和省道在修建后或土地详查中已埋设界桩的，以界桩所示的范围确权。当没有界桩时，按公路设计标准和征地协议书确权，即公路路堤两侧自护坡道和排水沟内外边缘起外扩 1m，公路路堑处自坡顶截水沟外边缘向外扩 1m；在路堤处无排水沟的，自路堤坡脚起向外各留 3m 作为保护路基之用。

（3）军队用地　军队用地包括中国人民解放军和武警部队的营房、院校，团以上办公区、生活区、干休所，国防要塞、守备区、训练场、军用飞机场、军用码头、炮兵靶场、射击场、发射场、军马场和部队农副业生产基地、仓库等，应根据有关规定，实事求是地对军队所属用地予以确权。

① 解放时，军队接管的伪军政系统的房地产部队一直占用的，按规定确认为军产。

② 划拨给军队使用，或军队与地方互相无偿占用，都办过手续，有据可查的，应予确权。

③ 经上级批准，与地方协商同意军队占用的土地，应予确权。

2.1.3.4　其他单位土地使用权的确认

（1）三资企业　三资企业凡以法定手续取得的土地使用权，经登记发证，在有效期内，应予确权。若取得使用权后，两年内不投入开发，不使用该土地者，或企业破产、停产、解散者，或使用权到期而没有办理延期使用土地者，不予确权。华侨和港澳、台胞投资办企业，除按国家规定享受优惠政策外，经政府批准办理了土地有偿使用手续者，地籍调查时应对其土地使用权予以确权，给予法律保护。

（2）风景名胜区　根据政府主管部门对风景名胜区的审批范围（包括必要的保护地带）埋设界标，对其土地使用权予以确权，颁发土地使用证。

（3）水利设施　水利设施是指水利工程建筑（电站厂房、灌溉工程、挡水、泄洪、引水建筑等）、水库辖区范围（移民线或土地征购线以下）、河道堤防及两侧护堤地、渠道及两侧护堤地等。地籍调查时，应根据上级审批的征地和土地使用范围，经权属双方指界，埋设界标，确认其土地使用权。

2.2　土地划分与编号

2.2.1　土地的划分

土地划分是指为了满足土地管理工作的需要所确定的宗地所属地域上的空间层次。对土地管理范围进行划分，实行统一的编号规则，不仅有利于土地规划、计划、统计与管理，而且便于收集整理资料以及利用计算机管理地籍的图形、数据和表册，达到便于检索、修改、贮存和保管的目的，以实现土地管理的科学化。根据我国国情，考虑便于管理，划分的空间层次应与行政管理系统相一致。

（1）城镇地区土地的划分　按各级行政区划的管理范围进行划分土地，城镇可划分为区和街道两级，在街道内划分宗地（地块）。如果街道范围太大，可在街道的区域内，根据线状地物，如街道、马路、沟渠或河道等为界，划分若干街坊，在街坊内划分宗地（地块）；如果城镇比较小，无街道建制时，也可在区或镇的管辖范围内，划分若干街坊，在街坊内划分宗地（地块）。因此，对于城镇，完整的土地划分就是××省××市××区××街道××街坊××宗地（地块）。

（2）农村地区土地的划分　参照城镇模式，按照目前我国农村行政管辖系统，农村地区完整的土地划分应是××省××县（县级市）××乡（镇）××行政村××宗地（地块）××图斑。

（3）地籍区和地籍子区　地籍区和地籍子区，这两个名词是根据地籍工作的需要而设立的。在《宗地代码编制规则（试行）》中对地籍区和地籍子区进行了规定。地籍区是在行政辖区内，以乡（镇）、街道界线为基础结合明显线性地物划分；地籍子区是在地籍区内，以行政村、居委会或街坊界线为基础结合明显线性地物划分。地籍区、地籍子区划定后，其数量和界线应保持稳定，原则上不随所依附界线或线性地物的变化而调整。

2.2.2　地块与宗地

2.2.2.1　地块的含义及特征

地块是可辨认出同类属性的最小土地单元。在地面上确定一个地块实体的关键在于根据不同的目的确定"同类属性"的含义。如地块具有权利上的同一性，则称为权利地块，实质上就是所说的宗地或丘；如地块具有利用类别上的同一性，则称分类地块，在土地利用现状调查中称图斑；如地块具有质量上的统一性，则称质量地块（均质地域）；如地块是受特别保护的耕地，则叫农田保护区或基本农田保护区，等等。

地块的特征有如下几方面。

（1）地块是最小的土地单元，在空间上具有连续性。

（2）地块的空间位置是固定的，边界是相对明确的。

（3）地块的"同类属性"既可以是某一种属性，也可以是某一类属性的集合。即可以采用土地的权利、质量、利用类别等中的一个属性或几个属性的组合作为"同类属性"来标识一个地块的具体空间位置。在地籍工作中，宗地、图斑、均质地域、农田保护区等都是具有确定的"同类属性"的地块。

2.2.2.2　宗地

宗地是地籍的最小单元，是指由土地权属界线封闭的独立地块或空间。宗地具有固定的位置和明确的权属边界，并可辨认出确定的权利、利用、质量和时态等土地基本要素。

2.2.3　土地权属界址

土地权属界址（简称界址）包括界址线、界址点和界标。

土地权属界址线（简称界址线）是指相邻宗地之间的分界线，或称宗地的边界线。

界址点是指土地权属界址线的转折点。界址点被用于确定土地的权属、面积、位置与分布范围的特定的点。

界标是指在界址点上设置的标志。界标不仅能确定土地权属界址或地块边界在实地的地理位置，为今后可能产生的土地权属纠纷提供直接依据和和睦邻里关系，同时也是测定界址点坐标值的位置依据。

2.2.4 宗地划分

根据权属性质的不同，宗地可分为土地所有权宗地和土地使用权宗地。在实际工作中，依照我国相关法律法规，一般只调查集体土地所有权宗地、集体土地使用权宗地和国有土地使用权宗地。

2.2.4.1 宗地划分的基本方法

无论是集体土地所有权宗地，还是集体土地使用权宗地和国有土地使用权宗地，宗地的划分应以方便地籍管理为原则。宗地划分的基本方法如下。

（1）由一个权属主所有或使用的相连成片的地块范围划分为一宗地，亦称独立宗。

（2）如果同一个权属主所有或使用不相连的两块或两块以上的地块，则分别划分宗地。

（3）如果一个地块由若干个权属主共同所有或使用，实地又难以划清其权属界线的，划为一宗地，称为共用宗。

（4）对一个权属主拥有的相连成片的用地范围，如果土地权属来源不同，或楼层数相差太大，或存在建成区与未建成区（如住宅小区），或用地价款不同，或使用年期不同等情况，在实地又可以划清界限的，可划分成若干宗地。

2.2.4.2 不同用地的宗地划分

（1）集体非农建设用地使用权宗地划分 在农村和城市郊区，按照宗地划分的基本方法，农村居民地内村民建房用地（宅基地）和其他建设用地，可按集体土地的使用权单位的用地范围划分为宗地，一般反映在农村居民地地籍图（岛图）上。

（2）集体土地所有权宗地的划分 根据《中华人民共和国土地管理法》规定，农村可根据集体土地所有权单位（如村民委员会、农业集体经济组织、村民小组、乡（镇）农民集体经济组织等）的土地范围划分土地所有权宗地。

一个地块由几个集体土地所有者共同所有，其间难以划清权属界线的，划为共有宗。共有宗不存在国家和集体共同所有的情况。

（3）城镇以外的国有土地使用权宗地的划分 城镇以外，铁路、公路、工矿企业、军队等用地，都是国有土地，这些国有土地使用权界线大多与集体土地的所有权界线重合，其宗地的划分方法与前述相同。

（4）争议地、间隙地和飞地

① 争议地 是指有争议的地块，即两个或两个以上土地权属主都不能提供有效的确权文件，却同时提出拥有所有权或使用权的地块。

② 间隙地　是指无土地使用权属主的空置土地。

③ 飞地　是指镶嵌在另一个土地所有权地块之中的土地所有权地块。

这些地块均实行单独分宗。

2.2.4.3　特殊情况的宗地划分

(1) 几个使用者共同使用一块地，并且相互之间界线难以划清，应按共用宗地处理。

(2) 几个使用者共同使用一幢建筑物，可按各自使用的建筑面积分摊宗地面积。宗地内，几个建筑物分别属于不同的使用者，除建筑占地外，其他用地难以划分的，应视为一宗地。这时应确定每个使用者独自使用的面积和每个使用者分摊的共用面积，共用面积一般按各自的建筑面积或建筑物占地面积分摊。

(3) 对只有一个法人代表的特大宗地，有明显不同的用途，且面积较大，可以利用地类界线或线状地物划分为若干宗地。

(4) 对大型工矿、企业、机关、学校等特大宗地，如被道路、河流分割的，应划分为若干宗地。

2.2.5　土地编号

2.2.5.1　旧的宗地编号

(1) 城镇地区土地编号　根据《城镇地籍调查规程》(TD 1001—1993)，我国城镇地籍编号通常以行政区为单位采用"街道-街坊-宗地"的编码模式。一般情况下，地籍编号统一自西向东、从北到南从"1"开始顺序编号。

(2) 农村地区地籍编号　根据《集体土地所有权调查技术规定》(国土资发 [2001] 359 号) 和第二次土地调查的相关规定，农村宗地地籍号通常以县级行政区为单位，采用"乡 (镇)-行政村-宗地"三级编号。乡 (镇)、村、宗地的编号均用三位阿拉伯数字表示。宗地内的地块 (图斑) 编号用分式表示。其中分子表示地块 (图斑) 号，直接沿用原土地利用现状调查的图斑号，用三位阿拉伯数字表示；分母为地类号，表示至土地利用现状调查二级分类。

2.2.5.2　新的宗地编号

根据《地籍调查规程》(TD/T 1001—2012)，宗地代码采用五层 19 位层次码结构，按层次分别表示县级行政区划、地籍区、地籍子区、土地所有权类型宗地、宗地号。宗地代码结构如图 2-1 所示。

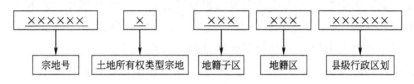

图 2-1　宗地代码结构图

(1) 编码方法　第一层次为县级行政区划，代码为 6 位，采用《中华人民共和国行政区划代码》(GB/T 2260)。

第二层次为地籍区，代码为3位，用阿拉伯数字表示。

第三层次为地籍子区，代码为3位，用阿拉伯数字表示。

第四层次为土地所有权类型，代码为1位，用G、J、Z表示。"G"表示国家土地所有权，"J"表示集体土地所有权，"Z"表示土地所有权争议。

第五层次为宗地号，代码为6位，包括1位宗地特征码和5位宗地顺序码。其中，宗地特征码用A、B、S、X、C、D、E、F、W、Y表示。"A"表示集体土地所有权宗地，"B"表示建设用地使用权宗地（地表），"S"表示建设用地使用权宗地（地上），"X"表示建设用地使用权宗地（地下），"C"表示宅基地使用权宗地，"D"表示土地承包经营权宗地（耕地），"E"表示林地使用权宗地，"F"表示草原使用权宗地，"W"表示使用权未确定或有争议的土地，"Y"表示其他土地使用权宗地，用于宗地特征扩展。宗地顺序码用00001～99999表示，在相应的宗地特征码后顺序编码。

（2）赋码规则 地籍区、地籍子区划定后，其数量和界线尽量保持稳定，原则上不随所依附界线或线性地物的变化而调整。

当未划分地籍子区时，相应的地籍子区编号用"000"表示，在此情况下地籍区也代表地籍子区。

跨地籍区或地籍子区的连续的铁路、公路、河流，可以单独划分为一个地籍区或地籍子区，用999表示。

为保证宗地代码的唯一性，因宗地的权利类型、界址发生变化，宗地代码在相应宗地特征码的最大宗地顺序码后续编，原宗地代码不再使用。

新增宗地代码在相应宗地特征码的最大宗地顺序码后续编。

2.2.5.3 新宗地编号的特点

（1）淡化行政管理色彩，以地籍区、地籍子区替代街道、乡镇与街坊、行政村。

（2）地籍区、地籍子区比较稳定，不受乡镇、街道等行政辖区调整的影响。

（3）增加了土地权属类型和宗地特征码，能够表达土地所有权与使用权的类型与特征，且涵盖各类土地权利。

2.3 土地利用现状分类

2.3.1 土地分类体系

土地分类是指在研究、分析各类土地的特点及它们之间的相同性和差异性的基础上按一定的分类标志（指标），将土地划分出若干类型。土地分类体系是指按照统一规定的原则和分类标志，将分类土地有规律分层次地排列组合在一起。

土地具有自然和社会经济属性，根据土地的这些性质以及人们对土地利用的不同，形成了不同的土地分类体系。目前，我国土地分类体系大致有以下三种。

（1）土地自然分类体系 土地自然分类体系又称土地类型分类体系，主要依据土地自然特性的差异性分类，可以依据土地的某一自然特性分类，也可以依据土地的自然综合特性分类。例如，按土地的地貌特征分类，可将土地分为平原、丘陵、山地和高山地。它还可按土壤、植被等进行土地分类。例如，全国 1：100 万的土地资源图上的分类就属于土地的自然综合特征分类。

（2）土地评价分类体系　土地评价分类体系又称土地生产潜力分类体系，主要依据土地的经济特性分类。如依据土地的生产力水平、土地质量、土地生产潜力等进行分类。土地评价分类体系主要用于生产管理方面，是划分土地评价等级的基础和确定基准地价的重要依据。

（3）土地利用分类体系　土地利用分类体系主要依据土地的综合特性（包括土地的自然特性及社会经济特性）进行分类。土地综合特性的差异，导致了人类在长期利用、改造土地的过程中所形成的土地利用方式、土地利用结构、土地的用途和生产利用方面的差异。土地利用现状分类就是属于其中的一种分类形式，在土地资源管理中应用非常广泛。

2.3.2　土地利用现状分类

从 20 世纪 80 年代以来，根据土地管理的需要，我国土地调查采用了不同的土地分类。1984 年，我国颁布的《土地利用现状调查技术规程》中制定了《土地利用现状分类及其含义》，采用两级分类，其中 8 个一级类，46 个二级类。从 1984 年颁布开始，一直沿用到 2001 年 12 月。

1989 年颁布的《城镇地籍调查规程》中制定了《城镇土地分类及含义》。城镇土地分类主要根据土地用途的差异，将城镇土地分为 10 个一级类，24 个二级类。城镇土地分类用于城镇地籍调查和城镇地籍变更调查。从 1989 年发布开始，一直沿用到 2001 年 12 月。

2001 年，国土资源部制定了城乡统一的《全国土地分类》。2002 年 1 月 1 日起，在全国范围试行，采用三级分类体系，3 个一级类，15 个二级类，71 个三级类。

2007 年 8 月，中华人民共和国质量监督检查检疫总局和中国国家标准化管理委员会联合发布《土地利用现状分类》（表 2-1）。采用二级分类体系，一级类 12 个，二级类 57 个。其中一级类包括：耕地、园地、林地、草地、商服用地、工矿仓储用地、住宅用地、公共管理与公共服务用地、特殊用地、交通运输用地、水域及水利设施用地、其他土地。二级类是依据经营特点、利用方式、覆盖特征和用途等方面的土地利用差异，对一级类进行具体细化。

表 2-1　土地利用现状分类（2007 年国家标准）

一级类		二级类		含　义
编码	名称	编码	名称	
01	耕地			指种植农作物的土地,包括熟地,新开发、复垦、整理地、休闲地(含轮歇地、轮作地);以种植农作物(含蔬菜)为主,间有零星果树、桑树或其他树木的土地;平均每年能保证收获一季的已垦滩地和海涂。耕地中包括南方宽度<1.0m,北方宽度<2.0m 固定的沟、渠、路和地坎(埂);临时种植药材、草皮、花卉、苗木等的耕地,以及其他临时改变用途的耕地
		011	水田	指用于种植水稻、莲藕等水生农作物的耕地。包括实行水生、旱生农作物轮种的耕地
		012	水浇地	指有水源保证和灌溉设施,在一般年景能正常灌溉,种植旱生农作物的耕地。包括种植蔬菜等的非工厂化的大棚用地
		013	旱地	指无灌溉设施,主要靠天然降水种植旱生农作物的耕地,包括没有灌溉设施,仅靠引洪淤灌的耕地

续表

一级类		二级类		含　义
编码	名称	编码	名称	
02	园地			指种植以采集果、叶、根、茎、汁等为主的集约经营的多年生木本和草本作物,覆盖度大于50%或每亩株数大于合理株数70%的土地。包括用于育苗的土地
		021	果园	指种植果树的园地
		022	茶园	指种植茶树的园地
		023	其他园地	指种植桑树、橡胶、可可、咖啡、油棕、胡椒、药材等其他多年生作物的园地
03	林地			指生长乔木、竹类、灌木的土地,及沿海生长红树林的土地。包括迹地,不包括居民点内部的绿化林木用地,铁路、公路征地范围内的林木,以及河流、沟渠的护堤林
		031	有林地	指树木郁闭度≥0.2的乔木林地,包括红树林地和竹林地
		032	灌木林地	指灌木覆盖度≥40%的林地
		033	其他林地	包括疏林地(指树木郁闭度≥0.1、<0.2的林地)、未成林地、迹地、苗圃等林地
04	草地			指生长草本植物为主的土地
		041	天然牧草地	指以天然草本植物为主,用于放牧或割草的草地
		042	人工牧草地	指人工种植牧草的草地
		043	其他草地	指树木郁闭度<0.1,表层为土质,生长草本植物为主,不用于畜牧业的草地
05	商服用地			指主要用于商业、服务业的土地
		051	批发零售用地	指主要用于商品批发、零售的用地。包括商场、商店、超市、各类批发(零售)市场,加油站等及其附属的小型仓库、车间、工场等的用地
		052	住宿餐饮用地	指主要用于提供住宿、餐饮服务的用地。包括宾馆、酒店、饭店、旅馆、招待所、度假村、餐厅、酒吧等
		053	商务金融用地	指企业、服务业等办公用地,以及经营性的办公场所用地。包括写字楼、商业性办公场所、金融活动场所和企业厂区外独立的办公场所等用地
		054	其他商服用地	指上述用地以外的其他商业、服务业用地。包括洗车场、洗染店、废旧物资回收站、维修网点、照相馆、理发美容店、洗浴场所等用地
06	工矿仓储用地			指主要用于工业生产、物资存放场所的土地
		061	工业用地	指工业生产及直接为工业生产服务的附属设施用地
		062	采矿用地	指采矿、采石、采砂(沙)场,盐田,砖瓦窑等地面生产用地及尾矿堆放地
		063	仓储用地	指用于物资储备、中转的场所用地
07	住宅用地			指主要用于人们生活居住的房基地及其附属设施的土地
		071	城镇住宅用地	指城镇用于生活居住的各类房屋用地及其附属设施用地。包括普通住宅、公寓、别墅等用地
		072	农村宅基地	指农村用于生活居住的宅基地

续表

一级类		二级类		含　　义
编码	名称	编码	名称	
08	公共管理与公共服务用地			指用于机关团体、新闻出版、教科文卫、风景名胜、公共设施等的土地
		081	机关团体用地	指用于党政机关、社会团体、群众自治组织等的用地
		082	新闻出版用地	指用于广播电台、电视台、电影厂、报社、杂志社、通讯社、出版社等的用地
		083	科教用地	指用于各类教育,独立的科研、勘测、设计、技术推广、科普等的用地
		084	医卫慈善用地	指用于医疗保健、卫生防疫、急救康复、医检药检、福利救助等的用地
		085	文体娱乐用地	指用于各类文化、体育、娱乐及公共广场等的用地
		086	公共设施用地	指用于城乡基础设施的用地。包括给排水、供电、供热、供气、邮政、电信、消防、环卫、公用设施维修等用地
		087	公园与绿地	指城镇、村庄内部的公园、动物园、植物园、街心花园和用于休憩及美化环境的绿化用地
		088	风景名胜设施用地	指风景名胜(包括名胜古迹、旅游景点、革命遗址等)景点及管理机构的建筑用地。景区内的其他用地按现状归入相应地类
09	特殊用地			指用于军事设施、涉外、宗教、监教、殡葬等的土地
		091	军事设施用地	指直接用于军事目的的设施用地
		092	使领馆用地	指用于外国政府及国际组织驻华使领馆、办事处等的用地
		093	监教场所用地	指用于监狱、看守所、劳改场、劳教所、戒毒所等的建筑用地
		094	宗教用地	指专门用于宗教活动的庙宇、寺院、道观、教堂等宗教自用地
		095	殡葬用地	指陵园、墓地、殡葬场所用地
10	交通运输用地			指用于运输通行的地面线路、场站等的土地。包括民用机场、港口、码头、地面运输管道和各种道路用地
		101	铁路用地	指用于铁道线路、轻轨、场站的用地。包括设计内的路堤、路堑、道沟、桥梁、林木等用地
		102	公路用地	指用于国道、省道、县道和乡道的用地。包括设计内的路堤、路堑、道沟、桥梁、汽车停靠站、林木及直接为其服务的附属用地
		103	街巷用地	指用于城镇、村庄内部公用道路(含立交桥)及行道树的用地。包括公共停车场,汽车客货运站点及停车场等用地
		104	农村道路	指公路用地以外的南方宽度≥1.0m、北方宽度≥2.0m 的村间、田间道路(含机耕道)
		105	机场用地	指用于民用机场的用地
		106	港口码头用地	指用于人工修建的客运、货运、捕捞及工作船舶停靠的场所及其附属建筑物的用地,不包括常水位以下部分
		107	管道运输用地	指用于运输煤炭、石油、天然气等管道及其相应附属设施的地上部分用地
11	水域及水利设施用地			指陆地水域,海涂,沟渠、水工建筑物等用地。不包括滞洪区和已垦滩涂中的耕地、园地、林地、居民点、道路等用地
		111	河流水面	指天然形成或人工开挖河流常水位岸线之间的水面,不包括被堤坝拦截后形成的水库水面
		112	湖泊水面	指天然形成的积水区常水位岸线所围成的水面
		113	水库水面	指人工拦截汇集而成的总库容≥10 万立方米的水库正常蓄水位岸线所围成的水面

一级类		二级类		含　义
编码	名称	编码	名称	
11	水域及水利设施用地	114	坑塘水面	指人工开挖或天然形成的蓄水量<10万立方米的坑塘常水位岸线所围成的水面
		115	沿海滩涂	指沿海大潮高潮位与低潮位之间的潮浸地带。包括海岛的沿海滩涂。不包括已利用的滩涂
		116	内陆滩涂	指河流、湖泊常水位至洪水位间的滩地;时令湖、河洪水位以下的滩地;水库、坑塘的正常蓄水位与洪水位间的滩地。包括海岛的内陆滩地。不包括已利用的滩地
		117	沟渠	指人工修建,南方宽度≥1.0m、北方宽度≥2.0m用于引、排、灌的渠道,包括渠槽、渠堤、取土坑、护堤林
		118	水工建筑用地	指人工修建的闸、坝、堤路林、水电厂房、扬水站等常水位岸线以上的建筑物用地
		119	冰川及永久积雪	指表层被冰雪常年覆盖的土地
12	其他土地			指上述地类以外的其他类型的土地
		121	空闲地	指城镇、村庄、工矿内部尚未利用的土地
		122	设施农用地	指直接用于经营性养殖的畜禽舍、工厂化作物栽培或水产养殖的生产设施用地及其相应附属用地,农村宅基地以外的晾晒场等农业设施用地
		123	田坎	主要指耕地中南方宽度≥1.0m、北方宽度≥2.0m的地坎
		124	盐碱地	指表层盐碱聚集,生长天然耐盐植物的土地
		125	沼泽地	指经常积水或渍水,一般生长沼生、湿生植物的土地
		126	沙地	指表层为沙覆盖、基本无植被的土地。不包括滩涂中的沙地
		127	裸地	指表层为土质,基本无植被覆盖的土地;或表层为岩石、石砾,其覆盖面积≥70%的土地

2.4　土地分等定级

2.4.1　土地等级评价

　　土地等级评价,又叫土地分等定级,是指在特定的目的下,对土地的自然和经济属性进行综合鉴定并使鉴定结果等级化的工作。

　　在掌握和管理土地数量、质量和权属的各项地籍工作中,土地分等定级是以土地质量状况作为具体工作对象的,是反映土地质量与价值的重要标志。土地分等定级是地籍管理工作的一个重要组成部分,是指导土地利用、土地开发和城镇规划的重要科学依据。

　　按城乡土地的特点不同,土地分等定级可以分为城镇土地分等定级和农用地分等定级两种类型。

　　土地分等定级采用"等"和"级"两个层次划分体系。在城镇土地分等定级中,土地等是反映全国城镇间的土地地域差异,土地等的顺序在全国范围内统一排列;土地级是反映城镇内部土地的区位条件和利用效益的差异,土地级的顺序在各城镇内部统一排列。在农用地分等定级中，土地等是反映不同质量农用地在不同利用水平、不同利用效益下收益的差异，土地等的顺序按全国农用地间的相对差异进行比较划分；土地级是反映在土地等的影响下土地的差异，级的划分依据是土地质量和易变的自然条件的差异，以及利用水平、利用效益的细微差异，级的数目、级差和排列顺序在县的范围内按相对差异评定。

2.4.2　城镇土地分等定级

2.4.2.1　城镇土地分等

城镇土地分等是根据城镇土地利用的地域差异，分析影响城镇土地利用效益的各种因素，评定各城镇土地的整体效益，划分全国各城镇的土地等次。根据现阶段研究的成果，城镇土地分等的基本方法可以归纳为：①采用多因素综合评定和定量、定性相结合的方法；②以城镇现状水平为测算依据进行初步分等；③选定调整参数逐步修正，完善分等方案。

城镇土地分等的技术程序包括：①建立影响城镇间土地等的因素因子体系；②确定各因素因子的相应权重；③分析因素因子的影响方式，建立评价标准；④对各城镇因素因子的评价指标值进行标准化处理，加权计算各城镇总分值，并初步划分城镇土地等；⑤验证分等初步结果，制定分等基本方案，开展意见征求，对城镇土地等进行调整并定案；⑥编制城镇土地分等成果图件、报告和基础资料汇编。

2.4.2.2　城镇土地定级分类

根据土地定级的目的、对象和方法不同，可以划分为土地综合定级、土地分类定级、城市规划定级、地价分区定级四种。

（1）土地综合定级　土地综合定级是根据影响土地质量、土地区位、土地利用效益的经济、自然、社会各因素及其贡献大小，对市域内土地用同一标准评定土地级别。

（2）土地分类定级　分类定级是对一定区域内的土地，按其主要用地类型分别确定其定级因素及其贡献大小，用全城覆盖法评定出各主要用地类型的级别，及其在土地空间上的分布。

（3）城市规划定级　城市规划定级是在土地现状定级的基础上，依据城市发展规划对土地质量及其使用效益的影响状况评定土地级别的过程。

（4）地价分区定级　地价分区定级是利用土地交易资料直接评估地价，然后按地价水平在土地空间上的分布差异规律划分土地级别的过程。

2.4.2.3　城镇土地分等定级的原则

土地的等级受地域、自然、社会和经济诸因素的影响。因此，在进行土地分等定级时，应遵循以下原则。

（1）综合分析的原则　生产力和经济效益是受诸多因素影响的，有的是众多因素同时发生作用，有时是某些因素发生作用。因此，在土地分等定级中要全面考虑各因素的作用，研究它们对土地质量的联系、相互作用和综合效应，正确地反映土地经济效益的差异。

（2）主导因素原则　在影响土地质量的众多因素中，可能存在着一两个起决定作用的因素，它们在鉴定土地质量中起主导作用。突出主导因素，同时结合其他因素的影响，才能准确而科学地评定土地等级。

（3）地域差异原则　我国地域广阔，各地的地域差异十分明显，而地域的差异意味着土地的生产力和经济效益的差别。此外，一个地域内（或一个城市内）的土地区位也是决定土地等级的重要因素。

（4）级差收益原则　土地质量评定，应进行土地在市场经济中的经济效益测算，构成不同的经济效益。这种经济效益梯度分布就构成了不同行业和不同地块级差收益，它是确定土地等级的重要依据。

（5）定量和定性相结合的原则　土地质量评定应尽量把定性的、经济的分析给予量化，采用数量经济学的定量计算为主，它是分等定级的最佳方法。但当对现阶段某些因素难以定量时，则采用定性分析，以减少人为的任意性，提高土地分等定级的精确度。

2.4.2.4　城镇土地定级的程序

土地定级是一项技术性较强的工作，工作过程严谨，必须遵循一定的程序。

（1）根据城镇特点，对影响土地质量和土地使用价值的因素分析，选取土地区位条件和其他有关的土地自然和经济条件，作为划分综合土地级别的定级因素。

（2）按照各定级因素分布变化规律，计算各因素的指标值和作用分，编制各因素的指标值与作用分值的对照表。

（3）依据定级因素与社会、经济活动及生活的相关程度，确定各因素的相对重要性，分别计算各因素权重值。

（4）划分土地定级单元，计算单元内各因素分值，各分值加权求和，按总分的分布排列和实际情况，初步划分土地级别。

（5）在不同土地级别上进行土地收益测算或市场交易价格定级，对初步划分的土地级别进行验证和调整。

（6）编绘土地级别图，编制土地定级报告，完成定级工作。

2.4.2.5　城镇土地定级的参评因素

城镇土地级的确定，主要依据下列定级因素。

（1）繁华程度　商服繁华影响度。

（2）交通条件　道路通达度、公交便捷度、对外交通便利度、路网密度。

（3）基础设施　生活设施完善度、公用设施完备度。

（4）环境条件　环境质量优劣度、绿地覆盖度、自然条件优劣度。

（5）其他方面的因素。

2.4.2.6　评价单元的划定

划分定级单元的大小直接影响定级质量，为了保持地块自然属性的完整性和揭示其差异，又要方便取样，通常在土地条件繁杂的城市中心区，单元面积取小块，5～20公顷为宜。土地条件简单的区域，单元面积可在15～20公顷之间，一般不大于50公顷为宜。但独立工矿区，单元面积也可大些。单元之间的界线通常考虑以下因素。

（1）自然线状地物，如街道，沟渠等。

（2）城市中的铁路、公路一般可作为分界线。但铁路、公路两侧是相同的繁华区时，也不一定要人为地分为两个单元。

（3）权属界线或地类界线也可作为单元界。

（4）有固定标志的其他线状地物，如管道、围墙等均可作为单元。

2.4.2.7　城镇土地级的确定

土地级的数目，应根据城镇的性质、规模和地域组合的复杂程度而定。一般规定：大城市分 5～10 级，中等城市分 4～7 级，小城市以下 3～5 级。例如，W 市的土地分为 6 级。

① 一级地——城市最繁华的闹市区。

② 二级地——城市商业区。

③ 三级地——历史形成的密度居民区。

④ 四级地——科技、文化、港口和工业区。

⑤ 五级地——新兴工业区。

⑥ 六级地——城市规划发展用地。

W 市基本采用城市多个闹市区的地段式分级法，但也有的城市采取大同心圆式分级法，从城市中心向外递减，如 G 市的分级为 7 级。

① 一级地——市中心区（中心圆之圆心区）。

② 二级地——一般城建区。

③ 三级地——市区边缘区。

④ 四级地——城市近郊区。

⑤ 五级地——特别工业区。

⑥ 六级地——城市远郊区。

⑦ 七级地——城市边远区。

可见，W 市各土地级可按街名或街区划分。而 G 市可划若干个同心圆作为土地级界线，但这样可能一条街划成两个土地级。为克服这种缺陷，再按街道等线状地物或单元、街区作适当调整，使之便于应用。

2.4.3　农用地分等定级

农用地分等定级是根据农用地的自然属性和经济属性，对农用地的质量优劣进行综合评定，并划分等别、级别。其工作对象是行政区内现有农用地和宜农未利用地，不包括自然保护区和土地利用总体规划中的永久性林地、永久性牧草地和永久性水域。

2.4.3.1　农用地分等定级原则

（1）综合分析原则　农用地质量是各种自然因素、经济因素综合作用的结果，农用地分等定级应以对造成等级差异的各种因素进行综合分析为基础。

（2）分层控制原则　农用地分等定级以建立不同行政区内的统一等级序列为目的。在实际操作上，农用地分等是在国家、省、县三个层次上展开，农用地定级主要是在县级进行。不同层次的评价成果都必须兼顾区域内总体可比性和局部差异性两个方面的要求。在标准条件下，建立分等定级评价体系，进行综合分析，将具有类似特征的土地划入同一土地等或土地级。

（3）主导因素原则　农用地分等定级应根据影响因素因子的种类及作用的差异，重点分析对土地质量及土地生产力水平具有重要作用的主导因素的影响，突出主导因素对土地分等定级结果的作用。

（4）土地收益差异原则　农用地分等定级既要反映出土地自然质量条件、土地利用水平和社会经济水平的差异及其对不同地区土地生产力水平的影响，也要反映出不同投入水平对不同地域土地生产力水平和收益水平的影响。

（5）定量分析与定性分析相结合原则　农用地分等定级应尽量把定性的、经验的分析进行量化，以定量计算为主。对现阶段难以定量的自然因素、社会经济因素采用必要的定性分析，将定性分析的结果运用于农用地分等定级成果的调整和确定阶段的工作中，提高农用地分等定级成果的精度。

2.4.3.2　农用地分等定级的内容

（1）农用地分等的内容

① 工作准备，编写农用地分等任务；

② 资料收集；

③ 根据标准耕作制度，确定基准作物、指定作物；

④ 确定分等方法；

⑤ 划分分等指标区或样地适用区；

⑥ 确定分等因素或分等特征属性；

⑦ 编制"指定作物～分等因素～质量份"关系表或分等特征属性质量分加（减）规则表；

⑧ 资料整理；

⑨ 外业补充调查；

⑩ 编制分等因素分值图，或分等特征属性加（减）规则表；

⑪ 划分分等单元，编制分等单元图；

⑫ 计算分等单元各指定作物的土地质量分；

⑬ 查光温生产潜力指数、产量比系数；

⑭ 计算各指定作物的土地利用系数和土地经济系数；

⑮ 计算分等指数；

⑯ 初步分等；

⑰ 校订确认分等；

⑱ 设立永久性标志；

⑲ 图件编制、面积量算、成果报告编写；

⑳ 成果验收；

㉑ 成果归档与更新应用。

（2）农用地定级的内容

① 工作准备，编写农用地定级任务书；

② 资料收集；

③ 确定农用地定级方法；

④ 确定定级因素或定级特征属性；

⑤ 编制定级特征属性质量分加（减）规则表；

⑥ 整理资料；

⑦ 外业补充调查；

⑧ 编制定级因素因子分值图，或定级特征属性加（减）分表；

⑨ 划分定级单元，编制定级单元图；

⑩ 计算定级指数；

⑪ 初步定级；

⑫ 校订确认定级；

⑬ 设立永久性标志；

⑭ 图件编制、面积量算、成果报告编写；

⑮ 成果验收；

⑯ 成果归档与更新应用。

2.4.3.3　农用地级的确定

农用地分等综合采用自然和经济的评定方法评出土地等级。首先，按土地的自然条件计算土地的潜力，以反映土地质量的优劣、土地对作物生长适宜程度和本质差异；其次，用体现社会平均利用开发水平的土地利用因素，将土地潜力订正为现实产出水平；最后，在现实产出水平的基础上，用土地经济系数衡量在目前社会平均产出水平上土地收益的差异。

农用地定级时不需要在全国范围内横向比较，不必计算光温生产力、气候、产量等，只按照本地区的土地自然、经济差异的易变因素，采用评分法、指数法等进行土地级的评定，同样采用标准产出量作为经济指标等。参照全国第二次土壤普查的要求，将土地统一分为八级，各级土地指标如下。

（1）一级地　土地利用方面基本无限制，广泛适用于农、林、牧业生产。一年 2～3 熟。土层深厚，无不良层次，质地适中，地势平缓，基本无侵蚀现象。保肥保水性能好，能灌能排，旱涝保收。气候条件良好，适宜种植作物广泛，在一般施肥管理下，可获得良好的收成。

（2）二级地　土地利用方面有某些限制，对作物有选择性，一年二熟或二年三熟。

本级地具有以下一项或几项限制：①质地稍不适合；②有轻微侵蚀或有潜在威胁；③降水分配不均，需要灌排措施；④有盐碱化威胁。

本级土地主要适用于灌溉农业，要控制排灌定额，防止土地盐碱化，平整土地，加强耕作管理，防止水土流失。

（3）三级地　土地利用受较大限制，对作物的选择性强，一年二熟、二年三熟或一年一熟。

本级地具有以下一项或几项限制：①土层深度＜80cm，限制根系发育或质地不良；②坡度较大（小于10°），有中度侵蚀；③灌排设施不完善，有旱涝威胁；④保水保肥性差；⑤有轻度或中度盐碱化。需要开展水利土壤改良工作，加强水土保持的工程措施，在细致管理下可种水稻。

（4）四级地　对农业有很大的限制，要求细致的管理措施，主要适宜于牧业和林业。

本级地具有下列一项或几项限制：①土层浅薄；②有障碍层次；③质地、结构很差；④坡度较大（大于15°），有中度侵蚀；⑤中度以上盐碱化或其他障碍因素；⑥有旱涝灾害；⑦气候条件不良，一年一熟。

生长季节短限制了作物种类，适于耐寒、耐旱、耐涝、耐盐作物。需要改良土壤措施及水利措施。对牧场、牧草，林业较适合。

（5）五级地　不适宜农业，主要用于牧业或林业。

具有下列因素：①土层浅薄，砾石多；②坡度＞15°，土壤片状侵蚀重，有沟蚀发生；③气候条件很差、寒冷、干旱多风；④排水不良的沼泽地；⑤盐碱较重。

由于受地形及气候条件的限制，除非有严格的水土保持工程措施，一般禁止农业利用。

（6）六级地　只能用于牧业及林业。

有下列一项或几项限制：①坡度＞25°；②土少石块多；③强度侵蚀，沟蚀严重；④强度盐碱化；⑤气候条件很差。

（7）七级地　能短期生长野生牧草及放牧，造林困难。限制因素同六级地，但程度更严重，改良困难。

（8）八级地　不适宜生产性利用。

2.5　土地登记与土地统计

2.5.1　土地登记

2.5.1.1　土地登记的含义

土地登记是指将国有土地使用权、集体土地所有权、集体土地使用权和土地抵押权、地役权以及依照法律法规规定需要登记的其他土地权利记载于土地登记簿公示的行为。其中，国有土地使用权，包括国有建设用地使用权和国有农用地使用权；集体土地使用权，包括集体建设用地使用权、宅基地使用权和集体农用地使用权（不含土地承包经营权）。

土地登记是土地权属管理的基本组成部分，也是为保护土地所有者、使用者合法权益，依照法律规定的程序对土地的权属、数量、用途、等级注册的制度。

2.5.1.2　土地登记的类型

土地登记可划分为土地总登记、初始土地登记、变更土地登记、注销土地登记、其他土地登记等。

（1）土地总登记　是指在一定时间内对辖区内全部土地或者特定区域内土地进行的全

面登记。

（2）初始土地登记 是指土地总登记之外对设立的土地权利进行的登记。

（3）变更土地登记 是指因土地权利人发生改变，或者因土地权利人姓名或者名称、地址和土地用途等内容发生变更而进行的登记。

（4）注销土地登记 是指因土地权利的消灭等而进行的登记。

（5）其他土地登记 包括更正登记、异议登记、预告登记和查封登记。

2.5.1.3 土地登记的内容

土地以宗地为单位进行登记。土地登记的内容是反映在土地登记簿上的土地登记对象的质和量方面的要素，包括：土地权属性质与来源、土地权利主体、土地权利客体。

（1）土地权属性质与来源

① 土地权属性质，指登记土地的权属类型，现阶段登记的土地权属类型包括国有土地所有权、集体土地所有权、国有土地使用权、集体土地使用权及土地他项权利等。

② 土地权属来源，指土地所有权人或使用权人最初取得土地权利的方式。土地权属来源分为国家土地所有权来源、集体土地所有权来源、国有土地使用权来源、集体土地使用权来源等。

（2）土地权利主体 土地权利主体指土地权利人，包括集体土地所有权人、国有土地使用权人、集体土地使用权人、土地使用权抵押权人、地役权人。

（3）土地权利客体 土地权利客体指土地权利、义务所共同指向的对象，即权利人所拥有或使用的土地，主要包括：土地位置、权属界址、土地面积、土地用途、土地使用条件、土地等级和价格等。

2.5.1.4 土地登记的基本原则

（1）依法原则 土地登记义务人必须依法向土地登记机关申请，提交有关的证明文件资料等。土地登记机关必须依法对土地登记义务人的申请进行审查、确权和在土地登记簿上进行登记。

（2）申请原则 土地登记机关办理土地登记，一般都应当由土地权利人或土地权利变动当事人首先向土地登记机关提出申请。

（3）审查原则 土地登记是一项严肃的法律行为，必须严格审查。主要包括两个方面：一是形式审查，审查土地登记申请所提交的各种证明、文件资料是否为土地登记所必须具备的要件；二是实质审查，审查所申请的土地权利或权利变动事项是否符合国家有关法律和政策。不经过审查的土地产权不能登记。

（4）公示原则 土地登记作为民事活动，具有广泛的社会性。由于确认和保护地产的合法权益，对于权利人和义务人都是十分严肃又至关重要的。公示有利于当事人和登记机关的配合，同时也有利于社会的监督。公示原则主要体现在登记的公开性。

（5）属地管辖的原则 在一个登记区内只能由一个土地登记机关来登记，同时，同一个登记区内的土地登记资料，只能由一个土地登记机关建档保存。

2.5.1.5 土地登记的基本程序

不同类型的土地登记在登记的具体程序上不尽相同，但总体上，土地登记的基本程序可分为土地登记申请、地籍调查、土地权属审核、注册登记、核发土地权利证书五个步骤。

（1）土地登记申请　土地登记申请是指市、县人民政府发布要求土地权利人在何时、何地进行申请的通告，土地权利人按规定向土地登记机关提交《土地登记申请书》、申请人身份证明、土地权属状况及其他证明文件并请求予以注册登记，土地登记机关对申请者提交的证明文件逐项审查后登记装袋的行为。

（2）地籍调查　地籍调查分为权属调查和地籍测量两部分，是土地登记机关或土地权利人委托有资质的专业技术单位对申请登记的土地采取实地调查、核实、定界、测量、成图等措施，查清土地的位置、权属性质、界线、面积、用途及土地所有者、使用者和他项权利者的有关情况，为权属审核、注册登记和核发土地证书提供依据。

（3）土地权属审核　土地权属审核是土地登记机关根据申请者提交的申请书、权属证明材料和地籍调查成果，对土地使用者、所有者和他项权利者申请登记的土地使用权、所有权及他项权利进行确认的过程。权属审核的内容包括：对土地登记申请人的审核；对宗地自然状况的审核；对土地权属状况的审核。权属审核结束后，符合规定的，土地登记人员填写《土地登记审批表》。

（4）注册登记　注册登记是指土地登记机关对批准土地登记的土地所有权、使用权或他项权利进行登卡、装簿、造册的工作总称。一经注册登记，土地权利即产生法律效力。注册登记的内容包括，填写《土地登记卡》《土地共有使用权登记卡》与《土地归户卡》，组装《土地登记簿》，填编《土地归户册》。

（5）核发土地权利证书　土地权利证书是土地权利人享有土地权利的证明。土地权利证书记载的事项，应当与土地登记簿一致；记载不一致的，除有证据证明土地登记簿确有错误外，以土地登记簿为准。

土地权利证书包括《国有土地使用证》《集体土地所有证》《集体土地使用证》《土地他项权利证明书》。土地证书以宗地为单位根据土地登记卡填写。国有建设用地使用权和国有农用地使用权在国有土地使用证上载明；集体建设用地使用权、宅基地使用权和集体农用地使用权在集体土地使用证上载明；土地抵押权和地役权可以在土地他项权利证明书上载明。

2.5.2　土地统计

2.5.2.1　土地统计的含义

土地统计是指运用土地科学和统计科学的原理和方法，对土地的数量、质量、权属、分布、利用及收益等状况及其变化情况进行系统地调查、记载、整理和分析的过程。

根据土地统计的内容和时间的不同，土地统计分为初始土地统计和经常土地统计两类。根据国家土地统计管理体制，土地统计又分为基层土地统计和国家土地统计两个层次。

土地统计是地籍管理重要组成部分，是加强国土资源管理、编制国民经济计划、制订有关政策的重要依据。《中华人民共和国土地管理法》第二十九条规定，国家建立土地统计制度。县级以上人民政府土地行政主管部门和同级统计部门共同制定统计调查方案，依法进行土地统计，定期发布土地统计资料。

2.5.2.2　土地统计的内容

土地统计的基本内容在于准确地反映土地数量、质量、分布、权属及利用状况。以反映土地数量为主的土地统计为土地数量统计，以反映土地质量为主的土地统计为土地质量统计。土地数量统计是基本统计，土地质量统计中质量的表达，同样也离不开数量。目前，实际开展的土地统计主要是土地数量为主的统计。

反映土地统计基本内容的形式和手段可以是多种多样的。通常有表格数据形式和图表形式，并通过设置一系列统计指标，加以表述。

2.5.2.3　土地统计的工作程序

对于任一内容的统计，完整的统计过程一般由统计设计、统计调查、统计整理及统计分析和预测等阶段组成。这里主要介绍土地统计的工作程序，具体步骤如下。

（1）搜集资料　要搜集的资料有土地利用现状图、地籍图、居民点规划图及其他有关图件；土地登记表、土地变更原始记录表、土地证、土地划拨、征用批件、地界变更协议书及土地变更的审批文件等；土地规划成果；各种专业调查资料等。

（2）调查和初测　在搜集资料的基础上，对测绘资料进行实地校对或补测、重测。同时进行土地利用状况的调查工作及专项调查。

（3）编写土地统计文件　土地统计文件包括表、册、簿、图，要按国家统一的格式，逐级在文件上填写土地的数量和质量状况，并在土地统计平面图上标注行政区、地类界、编号和面积。经反复校对后，签名盖章方可上报。

（4）上报、审核　为了保证土地统计成果的可靠性、准确性、现势性，要求在规定的时间内逐级上报汇总，并逐级审核方为有效。

2.5.2.4　土地统计指标

（1）土地统计指标的含义　土地统计指标是用来反映土地总体现象数量特征的科学概念和这个概念的具体数值表现的统一。统计指标由两部分组成：指标名称与指标数值。指标名称是统计所研究的土地数量方面的科学概念，它表明土地总体现象质的规定和一定的研究范围。指标数值是指标名称所反映的具体数量内容，它表明土地总体现量的表现。

（2）土地统计指标体系　土地统计指标体系是指研究土地现象的一系列相互联系、共同配合的统计指标。土地现象是一个复杂的总体，一个统计指标只能说明某一个土地现象的一个侧面，要说明现象的各个方面，以及现象与现象之间的普通联系，就必须建立科学的统计指标体系。

土地统计指标体系类型可以分为以下几类。

① 反映土地利用状况数量指标体系，如土地总面积、耕地面积、园地面积、林地面积、牧草地面积、城镇、村庄、工矿用地面积、交通用地面积、水域用地面积、未利用土地面积、各类建设用地情况、城市（镇）建成区土地利用情况、土地开发、复垦情况。

② 反映土地质量状况的统计指标体系，如自然指标、社会经济指标、土地质量等级指标等。

③ 土地权属统计指标体系，如集体所有的土地面积、集体建设用地使用权面积、国有土地使用权面积、征用集体土地面积等。

④ 土地利用指标体系，如反映土地利用程度的统计指标、反映土地集约经营程度的指标、反映土地利用经济效果的指标等。

⑤ 国有土地经营指标体系，如不同等级不同用途土地出让的宗数、面积，合同出让金额等。

2.5.2.5 土地统计分析

土地统计分析是运用统计学特有的方法，对土地统计数据进行分析研究，说明土地利用和使用以及土地关系等方面的情况，从中揭示土地现象的本质及规律性，并提出解决矛盾的办法。土地统计分析是土地统计的最后阶段，是土地统计工作的重要组成部分。

土地统计分析方法很多，常用的有综合分析方法、相关分析法、时间数列分析法、统计指数分析法、平衡分析法等，并形成了一套方法体系。

2.6 地籍信息的编码与数据库

2.6.1 地籍信息编码

地籍信息编码就是采用规定的代码表示一定的地籍信息，从而简化和方便对地籍信息的各种处理。在数字地籍测量中，地籍信息编码是有效地组织数据和管理数据的手段，它在数据采集、数据处理、数据库管理及成果输出的全过程中都起着至关重要的作用。测点的编码问题是野外采集数据时的一个非常重要的问题。若仅仅有野外采集点的观测值，而对所测点不加任何属性及几何相关性的说明，那么这些点都是一些孤立点，在处理和加工野外采集的数据时，计算机不能对其进行识别，也就无法进行数据处理。因此，在输入观测值到电子手簿或电子记录器的同时，应对每个测点赋予一个属性及几何相关性说明，即通常所说的标识代码（也称编码或特征码）。

2.6.1.1 地籍信息编码的内容

地籍信息是一种多层次、多门类的信息，对地籍信息如何分类、编码，目前尚无充分的论证和统一的规定。根据有效组织数据和充分利用数据的原则，对地籍信息的编码至少考虑如下四个信息系列。

（1）行政系列　包括省（市）、市（地）、县（市）、区（乡）、村等有行政隶属关系的系列，这个系列的特点是呈树状结构。

（2）图件系列　包括地籍图、土地利用现状图、行政区划图、宗地图（即权属界线图）等。这些图件均是地籍信息的重要内容。

（3）符号系列　包括各种独立符号、线状符号、面状符号以及各种注记。

（4）地类系列　包括土地利用现状分类和城填土地利用现状分类。

2.6.1.2 地籍信息编码的一般原则

（1）唯一性　编码的唯一性体现为每个编码对象仅有一个赋予的代码。

（2）扩展性　编码结构能够适应编码对象不断发展变化的需要，即能够为新加入的编码对象留有足够的备用码。

（3）简单性　编码位数要尽可能少，简单适用，同时要容易识别。

（4）完整性　编码要尽量涵盖整个系统的内涵和外延，力求编码系统的全面和完整性。

（5）科学性　编码的制定要遵循一定的规范，做到科学合理。同时编码要系统，形成一个合理的分类体系。

2.6.1.3　地籍信息编码的方式

关于编码的方式，并不统一，下面介绍主要的几种形式。

（1）全要素编码　全要素编码方式适用于让计算机自动处理采集的数据。要求对每个测点进行详细说明，即每个编码能唯一地、确切地标识该测点。通常，全要素编码由若干个十进制数组成，每一位数字按层次分，都具有特定的含义。

全要素编码的结构为：地籍要素（地物）代码＋地籍（地物）顺序码（测区内同类地物的序号）＋特征点顺序码［同一地籍（地物）中测点连接序号］。如：某一碎部点的编码为20101503，则各个数字的含义如下：2为地形要素分类；01为地形要素次分类；015为类序号（测区内同类地物的序号）；03为特征点序号（同一地物中特征点连接序号）。

全要素编码是全野外数字测图方法刚开始出现时的一种理论数据编码方式。其优点是各点的编码具有唯一性，易识别，方便计算机处理。缺点是：①编码过于复杂，层次多、位数多，难以记忆；②当编码输入有误时，在计算机的处理过程中不便于人工干预；③如果同一地物不按顺序观测，编码相当困难。因此，全要素编码不适于作为野外操作码。

（2）块结构编码　块结构编码方式用于计算机自动处理采集的数据。它是将每个地物编码分成四大部分：点号、地形编码、连接点和连接线型。点号表示测量的先后顺序，用四位数字表示。地形编码是参考图式的分类，用3位整数将地形要素分类编码。如：100代表测量控制点类；200代表居民地类等。连接点是记录与碎部点相连接的点号。连接线型是记录碎部点与连接点之间的线型，用一位数字表示。如：1为直线；2为曲线；3为圆弧；空为独立点等。

结构编码的优点是操作简单，点号自动累加，编码位数少，灵活方便，对野外草图、跑尺等要求较低。缺点是编码记忆不方便，进行编码查询时也要消耗一定的外业时间，特别是要每一个点每一个点地明确编码连接信息，不方便交叉作业。

（3）提示性编码　当作业员在计算机屏幕上进行图形编辑时，提示性编码方式可以起到揭示作用。屏幕上编制好的图形，可由数控绘图机绘制出来。如南方CASS系统的有码作业就是一个提示性编码。其简编码可分为类别码（包括次分类数字）、连接关系码（共有四种符号："＋"、"－"、"A＄"、"P"，配合简单数字来描述测点间的连接关系）和独立符号码（用A××表示），每种代码由1～3位字符组成。如野外测量中，假设第101号点其提示性编码为"A1"，而第103号点输入的编码为"3＋"，则说明此点与101号点依测点顺序相连。

提示性编码的优点是编码形式简明，野外工作量少，易于观测员掌握，并能同时采集测点的地物要素和拓扑关系码，提供了人机对话式图形编辑方式，生成的图形便于更新。缺点是提示图形不详细，必须在野外绘制详细的草图，预处理工作和图形编辑工作量大。

2.6.2 地籍信息的数据结构

数据结构是对数据元素相互之间存在的一种或多种特定关系的描述。在数字地籍测量中，数据结构应当反映出各种地籍要素间的层次关系和必要的拓扑关系，并经数据处理后所生成的图、数、文三者之间呈一一对应关系，这样才便于对数据进行各种操作，如检索、存取、插入、删除和分类等。

目前，在数字地籍测量中使用较普通的是矢量数据结构。矢量数据结构中，通常把地物从几何上分为点实体、线实体、面实体 3 类。点实体以表示其空间位置的坐标值的数字形式存放，线实体以一系列有序的或成串的坐标值存放，面实体以一系列有序的或成串的封闭的坐标值存放。常用的矢量数据结构大致有以下三种。

（1）拓扑结构 拓扑学是几何学的一个重要分支，它研究在拓扑变换下能够保持不变的几何属性。拓扑结构是按拓扑学原理设计的，用于表示多边形实体的数据结构。在拓扑学中，把 3 条以上线段的交点称为结点，两个结点之间的曲线或折线称为链。由若干链组成的封闭图形称为区。拓扑结构链文件由链的编码、长度、起点号、闭合号、左多边形号、右多边形号及地址指针组成。拓扑数据文件由点、结点、链和多边形文件组成。

采用拓扑结构比较简单方便，可以有效地存储地籍要素的点、线、面之间的关联、邻接及包含关系，数据存取效率高。

（2）顺序结构 顺序结构是一种线性结构表示方法，是机助制图初期常采用的数据结构形式，是把逻辑上相邻的节点存储在物理位置上相邻的存储单元中，结点之间的逻辑关系由存储单元的邻接关系来体现。

顺序结构的优点是结点随机存取，节省存储空间。缺点是不便于修改，对结点进行插入、删除等运算时，要移动相关结点。

（3）链栈结点结构 链栈结点结构是一种线性结构表示方法。在采用这种结构的多边形中，线段的交点称结点。两个结点（起点和终点）之间的线段称为链，对于链的数据只采集一次，一条链可以和一个或多个地物要素发生联系。链、结点和它们之间的关系构成了链栈结点数据结构。在顺序结构中，一个要素对应一条线段，而在链栈结点结构中，可以一个要素对应一条线段或多条线段，也可以多个要素对应一条线段。

链栈结点结构的优点是由于无需多次数字化，多次储存，从而提高了数据质量，减少了冗余。缺点是与顺序结构相比，其建立难度较大。在采集数据时，不仅要获取其位置、属性等基本信息，还要获取其相互之间的逻辑关系信息。

拓扑结构、顺序结构和链栈结点结构这 3 种数据结构，主要反映了制图实体的位置及其空间关系，很少与制图实体的属性联系起来。目前一些商业系统都采用"拓扑结构＋关系结构"的数据结构，即以拓扑数据结构表示地物的位置和空间关系，以关系结构表示地物的属性数据。

2.6.3　地籍信息数据库

2.6.3.1　地籍数据库内容

地籍数据库包括地籍区、地籍子区、土地权属、土地利用、基础地理等数据。

（1）土地权属数据　主要包括宗地的权属、位置、界址、面积等。

（2）土地利用数据　主要包括行政区（含行政村）图斑的权属、地类、面积、界线等。

（3）基础地理数据　主要包括数学基础、境界、交通、水系、居民地等。

2.6.3.2　地籍数据库的建设、更新与维护

地籍数据库建设、更新与维护的主要工作内容包括准备工作、资料预处理、数据库结构设计、数据采集和编辑处理、数据库建设、质量控制、成果输出、文字报告编写、检查验收、成果归档、数据库更新与应用、数据库运行与维护等。

（1）准备工作　制定建库方案、优选建库软件、搭建硬件环境、培训建库人员、熟悉地籍调查成果和土地登记档案、了解成果质检报告和验收结论等。

（2）资料预处理　检查建库资料的完整性、检查权属调查资料的合理性和逻辑一致性、检查坐标系和投影系统、进行必要的坐标变换和投影转换、检查纸介质地籍图图面内容、接边和电子地籍图的分层、属性标记等。

（3）数据库结构设计　根据地籍数据库标准等标准设计地籍数据库结构。

（4）数据采集和编辑处理　图形数据采集和属性数据采集、建立图形数据的拓扑关系、建立图形与属性逻辑关系、图形编辑和属性编辑、拓扑错误的处理、属性数据的检校、图形与属性逻辑一致性的检校等。

（5）数据库建设　按照地籍调查数据文件命名规则、空间数据分层要求和属性数据库结构，建立空间数据库和属性数据库，形成标准的数据交换文件、数据字典和元数据文件。

（6）质量控制　填写建库图历表、遵守建库工艺流程、落实质量保证措施和自检、互检、质检。

（7）成果输出　地籍图输出、宗地图输出、界址点成果表输出、面积统计汇总成果数据输出、扫描影像文档成果输出、专题图和专题统计汇总成果的输出等。

（8）文字报告编写　编写地籍数据库建设自检报告、工作报告和技术报告。

（9）检查验收　检查库体结构和内容的完整性，图形分层的正确性，层间和层内图形拓扑关系的正确性、属性内容的正确性、图形和属性的逻辑一致性、数据字典和元数据描述的正确性等，出具验收报告等。

（10）成果归档　数据库建设成果的整理、立卷、编目、归档等。

（11）数据库更新与应用　按照土地调查数据库更新标准的要求，利用日常地籍调查所产生的变更数据对数据库成果进行更新，保持地籍数据库成果的现势性，满足地籍调查成果为政府机关、企事业单位和社会公众的需要。

（12）数据库运行与维护　地籍数据库运行所必需的网络环境、系统软硬件环境、应

用系统环境等的管理、优化、升级、更新与维护，保障地籍数据库的正常运行。

思考题

1. 何谓土地所有权、土地使用权？

2. 土地权属的确认方式有哪些？

3. 国有土地使用权如何确认？

4. 地籍区和地籍子区如何划分？

5. 何谓地块、宗地？

6. 宗地划分的基本方法有哪些？

7. 简述新的宗地编码方法。

8. 简述土地利用现状分类。

9. 我国城乡土地分等定级的层次体系有何规定？

10. 试述城镇土地分等定级的原则。

11. 城市土地定级的影响因素有哪些？

12. 简述城镇土地定级的工作程序。

13. 简述农用地土地定级的内容。

14. 土地登记的含义是什么？内容有哪些？

15. 土地登记的基本程序有哪些？

16. 土地统计的含义是什么？

17. 土地统计的工作程序有哪些？

18. 地籍信息编码的内容主要有哪些？

19. 地籍信息编码的方式有哪几种？

20. 地籍信息的数据结构有哪几种？

21. 地籍数据库包括哪些内容？

第3章 地籍控制测量

地籍测量是地籍调查的工作之一，地籍测量首先要进行地籍控制测量。本章主要介绍地籍控制测量的原则、特点和精度要求，地籍测量的坐标系和地籍控制测量的基本方法等。

3.1 概述

地籍控制测量是根据界址点和地籍图的精度要求，视测区范围的大小、测区内现存控制点的数量和等级等情况，按照测量的基本原则和精度要求进行技术设计、选点、埋石、野外观测、数据处理等的测量工作。

3.1.1 地籍控制测量的原则

地籍控制测量是地籍测量中的重要工作，是界址点精度和地籍图精度得以满足的基础。因此，必须精心设计、严格要求，遵循"从整体到局部，从高级到低级分级控制（或越级布网）"的原则。

地籍控制测量包括首级控制测量和图根控制测量，两者构成了测区控制网两个不同的层次，既能保证精度分布均匀，又能满足测区设站的实际需要。地籍首级控制测量分为一、二、三、四等和一、二级，可采用三角网（锁）、测边网、导线网和 GPS 相对定位网进行施测。图根控制测量主要采用相应级别的三角网、测边网、边角网、导线网和 GPS 相对定位网进行施测；施测的地籍图根控制点分为一、二级。

3.1.2 地籍控制测量的精度

地籍控制测量的精度是以界址点的精度和地籍图的精度为依据制定的。施测方法不同，精度也有所不同。各等级地籍首级控制网点的主要技术指标见表 3-1～表 3-5。

表 3-1 各等级三角网的主要技术规定

等级	平均边长 /km	测角中误差 /(″)	起始边 相对中误差	导线全长 相对闭合差	水平角观测测回数			方位角闭合差 /(″)
					DJ$_1$	DJ$_2$	DJ$_6$	
二等	9	±1.0	1/300000	1/120000	12			±3.5
三等	5	±1.8	1/200000（首级） 1/120000（加密）	1/80000	6	9		±7.0

等级	平均边长 /km	测角中误差 /(″)	起始边相对中误差	导线全长相对闭合差	水平角观测测回数			方位角闭合差 /(″)
					DJ$_1$	DJ$_2$	DJ$_6$	
四等	2	±2.5	1/120000（首级） 1/80000（加密）	1/45000	4	6		±9.0
一级	0.3	±5.0	1/80000（首级） 1/45000（加密）	1/27000		2	6	±15.0
二级	0.2	±10.0	1/27000	1/14000		1	3	±30.0

表 3-2　各等级三边网的主要技术规定

等级	平均边长/km	测距相对中误差	测距中误差/mm	测距仪等级	测距测回数	
					往	返
二等	9	1/300000	±30	Ⅰ	4	4
三等	5	1/200000	±30	Ⅰ、Ⅱ	4	4
四等	2	1/120000	±16	Ⅰ Ⅱ	2 4	2 4
一级	0.3	1/33000	±15	Ⅱ	2	2
二级	0.2	1/17000	±12	Ⅱ	2	2

表 3-3　各等级测距导线的主要技术规定

等级	平均边长 /km	附合导线长度/km	测距中误差 /mm	测角中误差 /(″)	导线全长相对闭合差	水平角观测测回数			方位角闭合差 /(″)
						DJ$_1$	DJ$_2$	DJ$_6$	
三等	3.0	15.0	±18	±1.5	1/60000	8	12		±3$\sqrt{n}$
四等	1.6	10.0	±18	±2.5	1/40000	4	6		±5$\sqrt{n}$
一级	0.3	3.6	±15	±5.0	1/14000			6	±10$\sqrt{n}$
二级	0.2	2.4	±12	±8.0	1/10000		1	3	±16$\sqrt{n}$

表 3-4　各等级 GPS 相对定位测量的主要技术规定（1）

等级	平均边长/km	GPS 接收机性能	测量	接收机标称精度优于	同步观测接收机数量
二等	9	双频（或单频）	载波相位	10mm＋2×10^{-6}	≥2
三等	5	双频（或单频）	载波相位	10mm＋3×10^{-6}	≥2
四等	2	双频（或单频）	载波相位	10mm＋3×10^{-6}	≥2
一级	0.5	双频（或单频）	载波相位	10mm＋3×10^{-6}	≥2
二级	0.2	双频（或单频）	载波相位	10mm＋3×10^{-6}	≥2

表 3-5　各等级 GPS 相对定位测量的主要技术规定（2）

等级	卫星高度角 /(°)	有效观测卫星数	时段中任一卫星有效观测时间/min	观测时间段	观测时间长度/min	数据采集间隔/s	卫星观测值象限分布	点位几何图形强度因子（PDOP）
二等	≥15	≥6	≥20	≥2	≥90	15～60	3 或 1	≤8
三等	≥15	≥4	≥15	≥2	≥60	15～60	2～4	≤10

等级	卫星高度角/(°)	有效观测卫星数	时段中任一卫星有效观测时间/min	观测时间段	观测时间长度/min	数据采集间隔/s	卫星观测值象限分布	点位几何图形强度因子(PDOP)
四等	≥15	≥4	≥15	≥2	≥60	15～60	2～4	≤10
一级	≥15	≥3					2～4	≤10
二级	≥15	≥3					2～4	≤10

　　地籍图根控制点的精度与地籍图的比例尺没有关系。地形图根控制点的精度与用地形图的比例尺精度密切相关，即地形图根控制点的最弱点相对于起算点的点位中误差为 $0.1\mathrm{mm}\times$ 比例尺 M。界址点坐标精度通常以实地具体的数值来标定，而与地籍图的比例尺精度无关。一般情况下，界址点的坐标精度要等于或高于其地籍图的比例尺精度，如果地籍图根控制点的精度能满足界址点坐标精度的要求，则也能满足测绘地籍图的精度要求。

　　《地籍调查规程》规定，地籍平面控制网的基本精度应符合下列规定。

　　(1) 四等网或 E 级网中最弱边相对中误差不得超过 1/45000。

　　(2) 四等网或 E 级以下网最弱点相对于起算点的点位中误差不得超过±5cm。

3.1.3　地籍控制点的密度要求

　　地籍测量工作及日常的地籍管理需要频繁地对地籍资料（主要是界址点）进行更新。因此，控制点的密度应根据界址点的精度、密度、地籍图比例尺、地籍测量资料的更新和恢复界址点位置的需要等因素来综合考虑。地籍控制点最小密度应符合《城市测量规范》的要求。地籍控制点的密度与测图比例尺没有直接关系。在一个区域内，界址点的总数、要求的精度和测图比例尺都是固定的。必须优先考虑要有足够的地籍控制点来满足界址点测量的要求，再考虑测图比例尺所要求的控制点密度。

　　为满足日常地籍管理的需要，城镇地区应对一、二级地籍控制点全部埋石。地籍控制点的选点、埋石、标石类型、点名和点号等按照《城市测量规范》（CJJ/T 8）等标准执行。乡（镇）政府所在地至少有两个等级为一级以上的埋石点，埋石点至少和一个同等级（含）以上的控制点通视。通常情况下，地籍控制网点的密度为：①城镇建成区每隔100～200m 布设二级地籍控制；②城镇稀疏建筑区每隔 200～400m 布设二级地籍控制；③城镇郊区每隔 400～500m 布设一级地籍控制。

　　在旧城居民区，由于巷道错综复杂，建筑物多而乱，界址点非常多，因此应适当增加控制点和埋石的数量和密度，才能满足地籍测量的需求。

　　在地籍控制点位置实地确定后，若作为永久性保存的必须在地上埋设标石（或标志），并绘制点之记。为了更好地了解整个测区地籍控制点分布情况，检查控制网布网的合理性，还必须绘制测区的控制网略图。点之记和控制网略图的绘制方法在此不再赘述，详见李希灿主编的《测量学》（化学工业出版社出版）教材。

3.1.4 地籍控制测量的特点

地籍控制测量主要有以下特点。

（1）精度要求高 地籍图的比例尺比较大（1∶500～1∶2000），地籍元素之间的相对误差限制较严，如相邻界址点间距、界址点与邻近地物点间距的误差不超过图上 0.3mm。所以只有平面控制测量精度要求高，才能保证界址点和图面地籍元素的精度要求。要保证所有的地籍图在大区域内能进行拼接而不发生矛盾，控制测量应有较高的绝对定位精度和相对定位精度，同时其精度指标应有极高的可靠性。

（2）常采用导线测量形式 城镇地籍测量由于城区街巷纵横交错，房屋密集，视野不开阔，所以多用导线测量建立平面控制网。目前，GPS-RTK 技术也常用于图根控制测量。

（3）控制点的密度大 为了保证宗地勘丈的需要，基本控制和图根控制点必须有足够的密度，才能满足细部测量的要求。

（4）考虑长度投影变形 规程规定界址点的中误差为±5cm，因此高斯投影的长度变形不可忽视。当城市位于 3°带的边缘时，可按城市测量规范采取适当的措施。

3.2 地籍测量坐标系

3.2.1 测量坐标系概述

所谓坐标系是用来确定地面点的位置和空间目标的位置所采用的参考系。地籍中常用的坐标系有地理坐标系、高斯平面直角坐标系和高程系。

3.2.1.1 地理坐标系

地面点的地理坐标是使用经纬度来表示的。过地面上某点的子午面与首子午面的夹角，称为该点的经度。经度从首子午面向东 0°～180°称为东经，从首子午面向西 0°～180°称为西经。过地面上某点的铅垂线（或者法线）与赤道面的夹角，称为该点的纬度。纬度从赤道面向北 0°～90°称为北纬，从赤道面向南 0°～90°称为南纬。

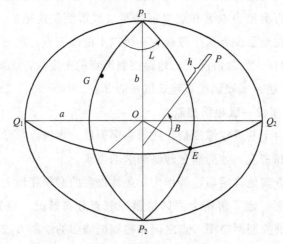

图 3-1　大地地理坐标系

如果基准投影面为参考椭球面，即以法线为依据，则该坐标称为大地地理坐标，简称为大地坐标，分别用 L，B 来表示大地经度和大地纬度，如图 3-1 所示。地面点 P 沿法线方向到参考椭球面的距离，称为大地高，用 h 表示。在测绘工作中，某点的空间位置一般用大地坐标表示，如 P（L，B）表示 P 点在椭球上投影点的位置，而 P（L，B，h）则表示 P 点的空间位置。

3.2.1.2　高斯平面直角坐标系

在地籍测量中，测量计算和绘图需要用平面表示，但球面是一个不可展的曲面。需要将椭球面上的点转换到平面上去，解决的方法是地图投影。地图投影的方法很多，地籍测量主要选用高斯-克吕格投影，简称高斯投影。以高斯投影为基础建立的平面直角坐标系称为高斯平面直角坐标系。其建立方法不再赘述，请详见《测量学》教材。

高斯投影属于等角投影，即投影前、后的角度大小保持不变，但线段长度（除中央子午线外）和图形面积均会产生变形；离中央子午线越远，则变形越大。变形过大将会使地籍图发生"失真"，因而失去地籍图的应用价值。

为了把投影后的变形限制在某一允许范围之内，需采用分带投影，常用的有 6°、3°或 1.5°带。分带投影能限制线段投影变形的程度，但也存在投影后带与带之间不连续的问题。同一条公共边缘子午线在相邻两投影带的投影，则向相反方向弯曲，这样位于边缘子午线附近分属两带的地籍图就拼接不起来。为了弥补这一缺陷，规定在相邻带拼接处要有一定宽度的重叠。重叠部分以带的中央子午线为准，每带向东加宽经差 30′，向西加宽经差 7.5′。相邻两带就是经差为 37.5′宽度的重叠部分。位于重叠部分的控制点应具有两套坐标值，分别属于东带和西带，地籍图、地形图上也应有两套坐标格网线，分别属于东带和西带。这样，地籍图、地形图的拼接和使用，控制点的互相利用以及跨带平差计算等方面都比较方便。

3.2.2　地籍测量平面坐标系选择

3.2.2.1　国家统一坐标系

在一般情况下，城镇地籍测量和土地资源调查应使用国家统一坐标系。农村地区，地籍测量精度要求较低，则可在现有的国家各等级的大地控制网点的基础上加密地籍控制网点。

使用国家统一坐标系有利于地籍成果的通用性，便于成果共享；有利于图幅正规分幅、图幅拼接、接合、使用和各种比例尺图幅的编绘；有利于土地、规划、房地产等各部门之间的合作，这将加快地籍测量的进度，提高效益和节约经费。

目前，我国采用的坐标系有：1954 年北京坐标系，1980 年西安坐标系，2000 国家大地坐标系。

（1）1954 年北京坐标系　1954 年北京坐标系采用苏联的克拉索夫斯基椭球体（长轴 $a=6378245$m，短轴 $b=6356863$m，扁率 $\alpha=1/298.3$），原点在苏联的普尔科沃。

（2）1980 年西安坐标系　1978 年我国决定建立新的国家大地坐标系统，即 1980 年西安坐标系，原点位于陕西省西安泾阳县永乐镇境内。采用地球椭球基本参数为 1975 年国际大地测量与地球物理联合会第十六届大会推荐的数据（长轴 $a=6378140$m，短轴 $b=$

6356755m，扁率 $\alpha = 1/298.257$）。

（3）2000 国家大地坐标系　2008 年 7 月 1 日起，我国启用 2000 国家大地坐标系。原点位于地球质量中心，采用的地球椭球参数：长半轴 $a = 6378137m$，扁率 $\alpha = 1/298.257$。采用地心坐标系，有利于采用现代空间技术对坐标系进行维护和快速更新，测定高精度大地控制点三维坐标，并提高测图工作效率。

3.2.2.2　城市坐标系

城镇地区，尽可能利用已有的城市坐标系和城市控制网点来建立当地的地籍控制网点。这些控制网点一般都与国家控制网进行了联测，并且有坐标变化参数。

一些小城镇可能没有控制网点，应以投影变形值小于 2.5cm/km 为原则，建立坐标系和控制网点，并与国家网联测。面积小于 25km² 的城镇，可不经投影直接建立平面直角坐标系，并与国家控制网联测。如果不具备与国家控制网的联测条件，则可以用下面三种方法来建立独立坐标系。

（1）用国家控制网中的某一点坐标作为原点坐标，某边的坐标方位角作为起始方位角。

（2）从中、小比例尺地形图上用图解方法量取国家控制网中一点的坐标或一个明显地物点的坐标作为原点坐标，量取某边的坐标方位角作为起始方位角。

（3）假设原点坐标和一边的坐标方位角作为起始方位角。

3.2.2.3　任意投影带独立坐标系

当测区（城、镇）地处投影带的边缘或横跨两带时，长度投影变形一定较大，或测区内存在两套坐标，这将给使用造成麻烦。这时应该选择测区中央某一子午线作为投影带的中央子午线，由此建立任意投影带独立坐标系。这既可使长度投影变形小，又可使整个测区处于同一坐标系内，无论对提高地籍图的精度还是拼接以及使用都是有利的。

3.2.2.4　独立平面直角坐标系

如果不具备经济实力，而又要快速完成本地区的地籍调查和测量工作，可考虑建立独立平面坐标系，建立方法如下。

（1）起始点坐标的确定

① 在图上量取起始点平面坐标。选取适当的特征点，如主要道路交叉点等作为起始点，做好长期保存标志，并给予编号。在地形图上量取该点的纵横坐标作为首级控制网的起始点平面坐标。

② 假定起始点坐标法。如果不能搜集到地籍测量区域的地形图，可以假定起始点坐标。数值任意假定，用它测得的该地区的控制点和界址点。但坐标不要出现负值。

③ 采用交会或插点的方法确定起始点坐标。如果当地没有起始点，但在几公里范围内能找到大地点时，可采用交会或插点的方法确定一点的坐标，做好固定标志，用它作为该地独立坐标系的起始点。

（2）起始方位角的确定　起始点坐标确定后，还必须有一个起始方位角和一条起始边，才能施测新点，进行局部控制测量。起始边的边长用红外测距仪测距或钢尺量距，方位角可由以下几种方法确定。

　　① 量算方位角　在准备好的地形图上标出起始点和第一个未知点，用直线连接两点，过起始点作坐标纵线，将量角器置于其上，测出坐标纵线与起始点和第一个点的连线之间的夹角 α 即可。

　　② 磁方位角计算法　在起始点安置罗盘仪，测出磁北至第一个未知点的磁方位角 m，则方位角 α 为：

$$\alpha = m + \delta - \gamma - \Delta\gamma \tag{3-1}$$

式中　δ——磁偏角，可从地磁偏角等线图上查；

　　　　γ——子午线收敛角，可用该地的经纬度计算；

　　　　$\Delta\gamma$——罗针改正数，用作业罗针与标准罗针比较而得，当定向角的精度要求不高或罗针磁性较强时可省略此项。

　　总之，在地籍测量中，具体应采用 1980 年西安坐标系统，也可采用 1954 年北京坐标系统、2000 国家大地坐标系统、地方坐标系统或独立坐标系统，这些坐标系统应与 1980 西安坐标系统联测或建立转换关系。

　　对于 1∶10000 或 1∶5000 图件或数据，应选择高斯投影 3°带的平面直角坐标系统；1∶50000 图件或数据应选择高斯投影 6°带的平面直角坐标系统；中央子午线按照地图投影分带的标准方法选定。对于 1∶500、1∶1000、1∶2000 图件或数据，当长度变形值不大于 2.5cm/km 时，应选择高斯投影 3°带的平面直角坐标系统；当变形值大于 2.5cm/km 有抵偿高程面时，应根据具体情况依次选择。

　　（1）高斯投影统一 3°带平面直角坐标系统。

　　（2）高斯投影任意带平面直角坐标系统。

　　（3）有抵偿高程面的任意平面直角坐标系统。

3.2.3　地籍测量的高程基准

　　通常情况下，地籍测量的地籍要素是以二维坐标表示的，不需要测高程。房地产测绘一般不要求测定界址点和碎部点的高程。但地籍测量规程中规定，在某些情况下，土地管理部分可以根据当地实际情况，有时要求在平坦地区测绘一定密度的高程注记点，或是要求在丘陵地区的城镇地籍图上表示等高线，以便使地籍成果更好地为经济建设服务。

　　高程测量基准有 1956 年黄海高程系，它以青岛验潮站 1950~1956 年的观测资料，推算的黄海平均海水面为高程起算面，该高程系水准原点的高程为 $H_0 = 72.289\text{m}$。1987 年，我国启用"1985 国家高程基准"，该高程系以青岛验潮站 1952~1979 年的观测资料重新推算黄海平均海水面，水准原点的高程为 $H_0 = 72.260\text{m}$。

3.3　地籍控制测量的基本方法

3.3.1　地籍首级控制网的测量方法

3.3.1.1　利用 GPS 定位技术布测城镇地籍基本控制网

　　与常规控制测量技术相比，GPS 定位技术的测绘精度、测绘速度和经济效益都有很大的提高。因此，目前 GPS 定位技术可作为地籍控制测量的主要手段。

城市最高等级的平面控制网为二等网，平均边长为 9km；三角网起始边的边长相对中误差及三边网的边长测量相对中误差均为 1：300000，即城市二等平面控制网的边长相对精度约为 3ppm。目前 GPS 测量的相对定位精度，在数十公里范围内约 1ppm。从精度方面来看，GPS 测量完全可以满足城市最高等级平面控制网的要求（二等）。对于边长小于 8～10km 的二、三、四等基本控制网和一、二级地籍控制网的 GPS 基线向量，都可采用 GPS 快速静态定位的方法，既缩短观测时间又提高观测精度。在目前情况下，用 GPS 建立大中城市的二等、三等首级平面控制网或用 GPS 与传统大地测量的混合网，然后再用传统的控制测量方法进行加密，是比较可行的。

利用 GPS 定位技术布测城镇地籍控制网时，应与已有控制点进行联测。联测的控制点最少不能少于 2 个。

3.3.1.2 利用已有平面控制网

已有的国家二、三、四等三角点和国家 B、C、D、E 级 GPS 点，可直接作为地籍首级平面控制网点。已有的三、四等城市平面控制点（含 GPS）和一、二级城市平面控制点（含 GPS）可直接作为地籍首级平面控制网点。利用已有控制点成果前应进行检查和分析。在检查与使用过程中，如果发现有较大误差，应进行分析，对有问题的点（存在粗差、点位移动等），可避而不用。在投影面上，相邻控制点的水平间距与原有坐标反算边长的相对误差不超过表 3-6 的规定。

表 3-6　已有相邻控制点间距检查的规定

等级	相邻控制点的水平间距与原有坐标反算边长的相对误差
二等、C 级	≤1/120000
三等、D 级	≤1/80000
四等、E 级	≤1/45000
一级	≤1/14000
二级	≤1/10000

3.3.1.3 地籍平面控制网的加密

（1）根据调查区域已有首级平面控制网点的情况，可采用静态、快速静态全球定位系统方法加密二级以上的地籍首级平面控制网点。也可采用光电测距导线等方法加密一、二级地籍平面控制网点。加密各等级平面控制网点时，应联测 3 个以上高等级平面控制网点。光电测距导线布设规格和技术指标如表 3-7 所示。

表 3-7　光电测距导线布设规格和技术指标

等级	平均边长/km	附合导线长度/km	每边测距中误差/mm	测角中误差/(″)	导线全长相对闭合差	水平角观测测回数 DJ$_2$	水平角观测测回数 DJ$_6$	方位角闭合差/(″)	距离测回数
一级	0.3	3.6	±15	±5.0	1/14000	2	6	±10$\sqrt{n}$	2
二级	0.2	2.4	±12	±8.0	1/10000	1	3	±16$\sqrt{n}$	2

（2）地籍首级平面控制网加密观测和计算的技术要求按照《全球定位系统（GPS）测量规范》（GB/T 18314）或《卫星定位城市测量技术规程》（CJJ/T 73）或《城市测量规范》（CJJ/T 8）等标准执行。

3.3.1.4　首级高程控制测量

（1）首级高程控制网点可采用水准测量、三角高程测量等方法施测。原则上，只测设四等或等外水准点的高程。

（2）在首级高程控制网中，最弱点的高程中误差相对于起算点不大于±2cm。

（3）首级高程控制网加密观测和计算的技术要求按照《城市测量规范》（CJJ/T 8）等标准执行。

3.3.2　地籍图根控制的测量方法

3.3.2.1　地籍图根控制测量的方法

（1）可采用动态全球定位系统定位方法、快速静态全球定位系统定位方法或导线测量方法建立地籍图根控制网点。

（2）当采用静态和快速静态全球定位系统定位方法时，观测、计算及其技术指标的选择按照《城市测量规范》（CJJ/T 8）规定的二级 GPS 点测量的要求执行。

3.3.2.2　RTK（含 CORS）图根点的测量

（1）可采用 RTK 方法布设图根点。保证每一个图根点至少与一个相邻图根点通视。

（2）为保证 RTK 测量精度，应进行有效检核。检核方法有两种。

① 每个图根点均应有两次独立的观测结果，两次测量结果的平面坐标较差不得大于±3cm、高程的较差不得大于±5cm，在限差内取平均值作为图根点的平面坐标和高程。

② 在测量界址点和测绘地籍图时，采用全站仪对相邻 RTK 图根点进行边长检查，其检测边长的水平距离的相对误差不得大于 1/3000。

（3）RTK 图根点测量的观测和计算等按照《全球定位系统实时动态测量（RTK）技术规范》（CH/T 2009）执行。

3.3.2.3　图根导线测量

（1）图根地籍控制网的布设

① 当采用图根导线测量方法时，导线网宜布设成附合单导线、闭合单导线或结点导线网，其主要技术参数见表 3-8。

表 3-8　图根导线测量技术指标

等级	附和导线长度/km	平均边长/m	测角中误差/(″)	测回数		测回差/(″)	方位角闭合差/(″)	坐标闭合差/m	导线全长相对闭合差
				DJ$_2$	DJ$_6$				
一级	1.2	120	12	1	2	18	$\pm24\sqrt{n}$	0.22	1/5000
二级	0.7	70	18	1	1		$\pm40\sqrt{n}$	0.22	1/3000

② 图根导线点用木桩或水泥钢钉作标志，其数量以能满足界址点测量和地籍图测量

的要求为准。

③ 导线上相邻的短边与长边边长之比不小于 1/3。

④ 如导线总长超限或测站数超限，则其精度技术指标应作相应的提高。

⑤ 因受地形限制图根导线无法附合时，可布设图根支导线，每条支导线总边数不超过 2 条，总长度不超过起算边的 2 倍。支导线边长往返观测，转折角观测一测回。

⑥ 图根导线按照《城市测量规范》（CJJ/T 8）规定进行平差计算。

（2）无定向导线　与其他种类的导线相比，无定向导线精度难以估算，检核条件少，所以在一些测绘规范中并未作为一种加密方法被提及。但随着测角、测距技术和仪器的发展，在两个控制点不通视的条件下，也可布设无定向导线，如图 3-2 所示。

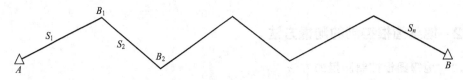

图 3-2　无定向导线的一般形式

布设无定向导线需要注意以下几点。

① 首先对高级点仔细检测，确认点号正确，点位未动时方可使用。

② 无定向单导线应采用高精度仪器作业。

③ 无定向单导线无角度检核，因此在进行角度测量时应特别注意。转折角应盘左和盘右观测，距离应往返测，并保证误差在相应的限差范围内。

④ 无定向单导线有一个多余观测，即有一个相似比 M，M 小于限差规定的无定向导线才符合要求。

⑤ 对无定向导线采用严密平差软件或近似平差软件进行平差计算，软件中应有先进的可靠性分析功能。

（3）单定向导线　单定向导线有坐标条件，无方位角闭合条件，但有起算方位角，如图 3-3 所示。下面介绍使用全站仪进行单定向导线测量和计算的步骤。

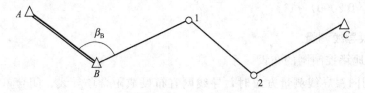

图 3-3　单定向导线

① 根据已知点 A、B 的坐标，用全站仪依次测量计算出其他点的坐标。

② 根据测量坐标计算各边边长及其累计值。

③ 坐标增量闭合差的计算及调整。

用测量的 C 点坐标与已知坐标数据进行比较，计算出坐标增量闭合差 f_x、f_y、导线全长闭合差 f 和相对误差 K。如果 K 符合精度要求，可将坐标增量闭合差以相反的符号，按与边长累积值成正比分配给各坐标增量。各坐标增量的改正值可按式（3-2）计算：

$$Vx_i = -\frac{f_x}{\sum D} \cdot D'_i$$
$$Vy_i = -\frac{f_y}{\sum D} \cdot D'_i$$

$$(3\text{-}2)$$

式中　Vx_i——第 i 条边的纵坐标增量累计改正数；

　　　Vy_i——第 i 条边的横坐标增量累计改正数；

　　　D'_i——边长累积值；

　　　$\sum D$——导线全长。

④ 计算改正后坐标，计算方法同闭合导线。

单定向附合导线的坐标计算过程见表 3-9。为方便计算，可用 Excel 表完成。

表 3-9　单定向附合导线坐标计算表　　　　　　单位：m

点号	测量 x 坐标值	测量 y 坐标值	距离	累计距离	改正后 x 坐标值	改正后 y 坐标值
1	2	3	4	5	6	7
T2	4007164.916	510182.642				
T3	4007160.483	510112.001			4007160.483	510112.001
			139.319	139.319		
A1	4007021.643	510123.543			4007021.652	510123.553
			94.658	233.977		
A2	4006948.483	510063.478			4006948.499	510063.494
			195.636	429.613		
A3	4006753.424	510078.487			4006753.453	510078.517
			126.500	556.113		
A4	4006627.574	510091.292			4006627.612	510091.331
			98.585	654.698		
A5	4006529.094	510095.820			4006529.138	510095.873
			130.788	785.486		
A6	4006398.621	510104.910			4006398.674	510104.965
			103.062	888.548		
A7	4006295.893	510113.197			4006295.953	510113.259
			127.833	1016.381		
A8	4006168.405	510122.584			4006168.473	510122.654
			122.508	1138.889		
A9	4006046.176	510130.846			4006046.253	510130.925
			168.151	1307.039		
A10	4005878.336	510141.061			4005878.424	510141.152
			179.715	1486.755		
A11	4005699.320	510156.899			4005699.420	510157.002

辅助计算：$f_x = -0.1$，$f_y = -0.103$，$f = 0.14\text{m}$，$K = \dfrac{f}{\sum D} \approx \dfrac{1}{10000}$

（4）支导线　实际工作中，支导线的应用比较普遍。但因缺乏检核条件，致使支导线出现粗差和较大误差也不能及时发现。因此，应加强对支导线的检核，采取措施以保证支导线的精度，从而保证界址点的测量精度。支导线测量的检核方法如下。

① 闭合导线法　如图 3-4 所示，A，B，C 为已知点，要求出界址点 E 的坐标，首先要求出 D 点的位置。P_1，P_2，P_3，P_4，P_5 为起连接作用的导线点，且 P_1 与 P_2，P_4 与 P_5 的距离很近。导线点观测顺序为 C，P_1，P_2，P_3，P_4，P_5，D，类似闭合导线的观测方法，但与闭合导线的观测顺序又不完全相同。当观测结束后，按闭合导线 C，P_1，P_3，P_5，D，P_4，P_3，P_2，C 计算。这时经计算 P_3 可以得到两组坐标，可以起到检核作用。然后根据 D 的坐标可以很方便地求出界址点 E 的坐标。这种方法外业工作量增加了一些，但能较好地解决位于隐蔽处界址点的坐标施测问题，同时导线点也得到了检核和

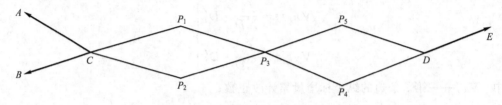

图 3-4　闭合导线法示图

精度保证。

②　利用高大建筑物检核　如烟囱、水塔上的避雷针和高楼顶上的共用天线等高大建筑物，在地籍控制测量中有很好的控制价值。作业时，高大建筑物的交会可以随首级地籍控制一次性完成，这样做工作量增加不多。用前方交会求出高大建筑物上的避雷针等的平面位置后，再施测支导线。

③　双观测法　为了防止在观测中出现粗差，提高观测的精度，支导线边长应往返观测，角度应分别测左角、右角各一个测回，其测站圆周角闭合差不应超过 40″。双观测法在计算中容易出现错误，因此在计算各导线点的坐标时，一定要认真检查，仔细校核，尤其在推算坐标方位角时要更加细心。

3.3.2.4　图根高程控制测量

图根高程控制网点的高程可采用普通水准或三角高程测量技术施测，高程线路与一级、二级图根平面导线点重合，其技术要求按照《城市测量规范》（CJJ/T 8）执行。

思考题

1. 地籍控制测量的原则是什么？
2. 地籍控制点的密度如何确定？
3. 地籍控制测量有哪些主要特点？
4. 地籍控制测量常用的坐标系有哪些？
5. 什么是高斯平面直角坐标系？它有什么特点？
6. 简述地籍首级控制网的测量方法。
7. 简述地籍图根控制的测量方法。
8. 支导线测量的检核方法有哪些？

第4章 地籍总调查

在一定时间内，对辖区内或特定区域内土地进行的全面地籍调查，称为地籍总调查。地籍调查是土地管理的基础工作，目的是查清每宗地的基本情况，满足土地登记的需要，以加强土地管理和建立健全地籍管理制度。本章主要介绍地籍调查工作的分类、内容和程序，权属调查的准备工作和实施方法以及土地利用现状调查等。

4.1 地籍调查工作的分类

地籍调查是遵照国家的法律规定，采取行政、法律手段，采用科学方法，对土地使用者和所有者的土地位置、权属、界线、面积和利用现状等基本情况进行的调查。

地籍调查根据调查时间及任务的不同，分为初始地籍调查和变更地籍调查。初始地籍调查是指对调查区范围内全部土地在初始土地登记之前进行的初次地籍调查。变更地籍调查是为了保持地籍的现势性，及时掌握土地信息和权属状况的动态变化，在初始地籍调查结束之后进行的地籍调查。变更地籍调查是地籍管理的经常性工作，也称日常地籍调查。显然，地籍总调查包含初始地籍调查，但初始地籍调查具有特定的时间含义，是指对调查区范围内全部土地的首次地籍调查。

地籍调查按区域的功能不同，分为农村地籍调查和城镇地籍调查。农村地籍调查主要结合土地利用现状调查进行，是为保护农村集体土地所有权、农民土地承包经营权和土地流转服务的。按照《土地利用现状调查规程》和《地籍调查规程》（TD/T 1001—2012）进行境界、权属、地类及利用现状的调查。

城镇地籍调查是指城镇及村庄内部的地籍调查。按照《地籍调查规程》（TD/T 1001—2012），对城镇、村庄范围内部土地权属、用途、等级等进行调查，而与土地利用现状调查互相衔接，既不重复又不遗漏。

地籍调查是土地登记之前的基础工作，其成果经登记后，具有法律效力。地籍调查包括两项工作：土地权属调查和地籍测量。

（1）土地权属调查 实地进行土地及其附着物的权属调查，在现场标定界址点，确定权属范围，绘制宗地草图，调查土地利用现状，填写地籍调查表，为土地登记和地籍测量提供基础资料。

（2）地籍测量 地籍测量是按照权属调查的资料，借助于测绘仪器设备，使用相应的测量方法，测量每宗地的权属界线、建筑物位置以及地类界等，绘制地籍图，计算每宗地的面积和总面积，为土地登记提供依据。

权属调查和地籍测量是不可分割的一个整体，前者是根据法律程序，利用行政手段，确定界址点和权属界线；后者是将已确定的界址点和权属界线以及其他地籍要素测绘成图，或采集数据信息，予以存储或存档，为土地管理提供依据。地籍测量需在土地权属调查基础上进行，有时两者是交叉进行的，也可同时进行；不论何种方式，必须保证地籍调查信息的准确性。

4.2 地籍调查的工作内容及程序

4.2.1 地籍调查的工作内容

地籍调查就是要查清每一宗地的基本情况，即土地使用者或所有者的土地位置、权属、界线、面积和利用现状等。按照土地管理的要求，在土地登记时，每一宗地的调查内容主要包括以下方面。

（1）土地权属者 即权属单位名称或个人姓名、单位性质、单位法人、单位机构代码、法人或个人身份证明等。

（2）土地位置 是指土地所在地址和四至，包括街道的门牌号、四至的权属者名称，还要注明所在地籍图的统一图幅编号。

（3）界址点与界址线 界址点的个数、位置和标志类型，界址边边长以及宗地草图。

（4）土地面积及地类 宗地面积是由权属界址线所圈定的面积；地类是指全国土地统一分类的类别。

（5）土地等级 是指土地管理部门依法评定的土地等级。

（6）地上附着物类别及其权属是指地上建筑物、构筑物等的情况及其权属等。

4.2.2 地籍调查的工作程序

初始地籍调查可按以下步骤进行。

（1）准备工作

① 收集资料 收集有关测量的资料及图件，如测量控制点资料、大比例地形图等。同时收集有关地籍方面的资料，如土地登记申请书，权源文件和权属证明材料；原有的地籍资料以及有关土地资料。

② 确定调查范围 在大比例尺地形图上或航片上标出调查范围。

③ 地籍调查技术设计 根据已有资料和实地踏勘之后，编写技术设计，其主要内容包括：地籍调查工作程序及实施方法；地籍测量控制网测量方法、精度，布网方案，以及坐标系统；地籍图的比例尺、分幅编号方法等。

④ 物资准备 如地籍调查的有关表册，测量仪器工具的准备及检校等。

⑤ 人员培训 组织地籍调查人员学习有关政策、法规和技术规程；学习调查方法和调查要求等。

（2）实地调查　主要根据土地初始登记申请人的申请，进行权属调查。调查结果必须经登记申请人认定才有效。

（3）外业测量　由测量人员根据权属调查的结果，进行实地勘丈或测量，以确定各地籍要素。

（4）内业工作　外业结束后，进行面积量算，绘制地籍图和宗地图，建立地籍簿册或输入计算机，以建立地籍档案或地籍管理信息系统。其主要成果包括如下方面。

① 地籍调查表及宗地草图。

② 地籍控制测量资料。

③ 地籍原图或数字地籍图。

④ 宗地图。

⑤ 图幅分幅接图表。

⑥ 地籍调查报告及技术设计书。

（5）检查验收　检查验收实行作业人员自检、作业组互检、作业队专检、上级主管部门验收的多级检查验收制度。

4.3　权属调查的准备工作

4.3.1　技术与物质准备

首先明确调查任务、范围、方法、时间、步骤、人员组织以及经费预算，拟定详细调查计划和保障措施；然后组织专业队伍，进行技术培训与试点。此外，印刷统一制定的调查表格和簿册，配备各种测绘仪器与绘图工具、交通工具和劳保用品等。

4.3.2　调查底图的选择

根据需要和已有的图件，选择调查底图。一般要求使用近期测绘的大比例尺地形图、航片、正射相片等。城镇区可使用 1∶500 或 1∶1000 比例尺的地形图；村庄或独立的工矿区，可使用 1∶1000 或 1∶2000 的地形图。若已有地籍调查的基础，则要充分利用已有的区、街道、街坊的地籍图。如泰安市 2005 年进行的第二次城区土地权属调查，使用 1997 年完成的地籍图作为权属调查底图。这样既充分利用已有资料的信息，又可以节省权属调查的时间。

4.3.3　划分调查小区

在确定了调查范围之后，还要在调查底图上，依据行政区或自然界线划分成若干调查小区。对于城市，在街道办事处管辖范围内，以马路、街、巷为界，适当地划分若干街坊，作为调查小区；对于县城或建制镇，由于范围较小，可直接以街道办事处或居委会的管辖范围作为调查小区；当范围较大时也可进一步把街道范围划小，主要根据实际情况而定；对于村庄和工矿区，可将村庄或工矿区作为调查小区。

4.3.4 宗地划分与预编号

在小区调查的底图上标绘出各宗地的范围线，并注记宗地的预编号，其编号方法见第2章2.2节内容。列表记录每宗地的预编号，以及权属者名称、宗地地址、利用现状等内容。

如果没有大比例尺地形图作为调查底图，则应根据调查小区实际情况绘制宗地关系图，同样也要划宗、预编号。

4.3.5 发放通知书

实地调查前，要向土地所有者或使用者发出通知书，同时对其四至发出指界通知。按照工作计划，分区分片通知，并要求土地所有者或使用者（法人或法人委托的指界人）及其四至的合法指界人，按时到达现场。

4.4 权属调查的实施

在进行充分准备的情况下，备齐调查工作底图、地籍调查表以及测量工具，会同宗地边界双方委派指界人员，以及测绘人员，共同到实地进行调查工作。土地权属实地调查的内容是宗地位置、权属性质、土地利用状况和土地权属界址等。

4.4.1 土地位置调查

对土地使用权宗地，调查核实土地座落、宗地四至，所在区、街道、门牌号，宗地预编号及编号，逐一填写在地籍调查表中，如表4-1所示。对土地所有权宗地，调查核实宗地四至，所在乡（镇）、村的名称以及宗地预编号及编号。

4.4.2 土地权属及土地利用状况调查

土地使用者或单位、权属性质、用地来源、实际用途，以及土地利用现状等，皆需调查核实，填表登记。集体土地所有权宗地的土地类型较多，而城镇村庄土地使用权宗地的土地类型比较单一，2007年以后均采用《土地利用现状分类》（见本书第2章）。

对于一宗地内有不同类别的用地，如工厂内有居民区，学校内有商业用地等，均应认真查清。

对于一宗地为多层建筑物，应以第一层建筑物的主要用途确定其土地类别。

4.4.3 土地权属界址调查

土地权属界址调查的主要任务是在现场明确土地权属界线。其具体内容是现场指界、设置界标，将界址填入地籍调查表、绘制宗地草图，最后由双方指界人及其他有关人员签字认可，方为有效。

（1）界址调查指界 指界就是确认被调查宗地的权属界址范围，及其界址线与相邻宗

表 4-1　地籍调查表

土地使用者	名　称	
	性　质	

上级主管部门	

土地坐落	

法人代表或户主			代 理 人		
姓　名	身份证号码	电话号码	姓　名	身份证号码	电话号码

土地权属性质	

预编地籍号	地 籍 号

所在图幅编号	

宗地四至	

批准用途	实际用途	使用期限

共有使用情况	

说明	

界址标示												
界址点号	界标种类						界址间距(米)	界址线类别			界址位置		备注
	钢钉	水泥桩	石灰桩	喷漆				围墙	墙壁		内	外	

界址线		邻宗地			本宗地		日期
起点号	终点号	地籍号	指界人姓名	签章	指界人姓名	签章	
界址调查员							

权属调查记事及调查员意见:

调查员签名:　　　　　　　　　日期:

地籍勘丈记事：
勘丈员签字：　　　　　　　　　　日期：
地籍调查结果审核意见：
审核人签字：　　　　　　　　　　审核日期：

地分界线的具体位置。现场指界必须由本宗地及相邻宗地指界人亲自到现场共同指界。单位使用的土地一般需由单位法人代表出席指界，并出示法人代表证明。若法人代表不能亲自出席指界，应由委托的代理指界人指界，并出示委托书和身份证明。

对现场指界无争议的界址点和界址线，要埋设界标，填写宗地界址调查表，各方指界人要在宗地界址调查表上签字，并盖章或按手印，对于不签字盖章的。按违约缺席处理。

对于有争议的界址，如经现场协商还不能确定时，则按《中华人民共和国土地法》第十三条的规定处理。

① 如一方指界人违约缺席，其界址线由另一方指界人与调查员确定。

② 如两方皆违约缺席，其宗地界线由调查人员依据有关图件和文件，结合实地现状决定。

③ 确界结果以书面形式送达违约缺席的业主，并在用地现场公告。如有异议，必须在 15 日内提出重新确界申请，并负责重新确界的费用；否则，确界结果自动生效。

（2）设置界址点及其标志　地籍调查人员根据指界认定的土地范围，设置界址点。一般是设在界址线的拐点上或邻宗界址线的拐点上。对于弧形界址线，按弧线的曲率可多设几个界址点。

对于弯曲过多的界址线，由于设置界址点太多，过于繁琐，可以采取就弯取直的方法；但对相邻宗地来说，由取直划进、划出的土地面积应尽量相等，然后几方协商认可，方可认定，随即设置界址桩。

界址点应按统一的规定以宗地为单位编号，从宗地西北角的界址点起，沿顺时针方向依次用阿拉伯数字编号。

界址点应设置界标，可根据实际情况选用混凝土（图 4-1）、石灰（图 4-2）和钢钉界址标桩等（图 4-3）。要在实地做出明显符号，以便今后查找。

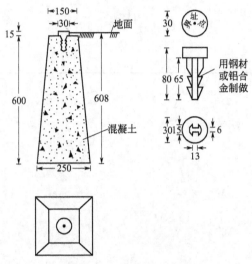

图 4-1　混凝土界址标

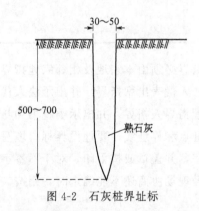

图 4-2　石灰桩界址标

当界址点落在建筑物内，或者在建筑物的拐角上时，除在调查记录中说明或做点之记外，在实地可采用喷漆等标志形式（图 4-4），标出界址点位置。上图中长度单位为 mm。

（3）界址勘丈　界址勘丈与权属调查同时进行，当确定了界址点后，即勘丈界址边长和固定地物的位置关系，并绘在草图（宗地草图）上，作为地籍调查的原始资料。

（4）填写地籍调查表　每一宗地单独填写一份地籍调查表，宗地草图是调查表的附图。填表时应随调查随填表，做到图表与实地一致，项目齐全，准确无误，其格式如表

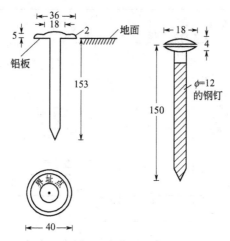

图 4-3　钢钉界址标

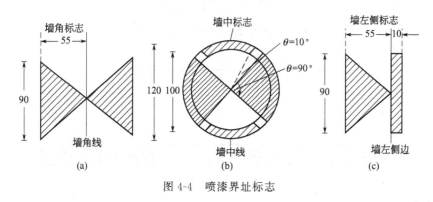

图 4-4　喷漆界址标志

4-1 所示。若相邻宗地指界人无争议，则由双方指界人在地籍调查表上签字盖章，即为有效。

4.4.4　宗地草图绘制

宗地草图是描述宗地位置、界址点、线和相邻宗地关系的实地草编记录。在进行权属调查时，调查员填写并核实所需要调查的各项内容，实地确定了界址点位置并对其埋设了标志后，现场草编绘制宗地草图。如图 4-5 所示。

（1）宗地草图的内容

① 本宗地号和门牌号，权属主名称和相邻宗地的宗地号、门牌号、权属主名称。

② 本宗地界址点，界址点序号及界址线，宗地内地物及宗地外紧靠界址线的地物。

③ 界址边长、界址点与邻近地物的距离和条件距离。

④ 确定宗地界址点位置、界址边长及方位所必须的建筑物或构筑物。

⑤ 概略比例尺和指北针、丈量着、丈量日期。

（2）宗地草图的作用　宗地草图是宗地的原始描述，图上数据是实量的，可靠性高。它是地籍资料中的原始数据；配合地籍调查表，为测定界址点坐标和制作宗地图提供初始信息；可为界址点的维护、恢复和解决土地权属纠纷提供依据。

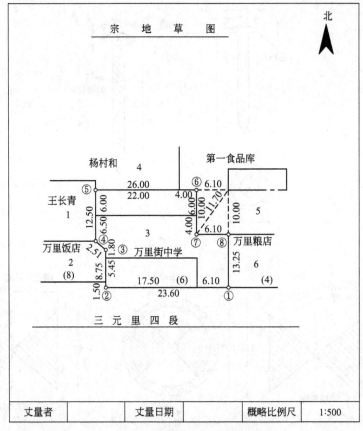

图 4-5　宗地草图样图

（3）绘制宗地草图的基本要求　宗地草图要现场绘制，图纸质量要好，能长期保存，其规格为 32 开、16 开或 8 开。草图按概略比例尺，使用 2H～4H 铅笔绘制，应保证权属清楚，界址准确，勘丈数据可靠，线条均匀，注记清晰规范。宗地草图比例尺不要求统一，视宗地的大小而定。过大的宗地草图可分幅绘制。不得涂改注记数字；用钢尺丈量界址边长和相关长度，并精确至 0.01m。

4.4.5　土地权属界址的审核与调处

权属调查外业结束后，要对其结果进行审查和调查处理。使用国有土地的单位，要将实地标绘的界线与权源证明文件上记载的界线相对照。若两者一致，则可认为调查结束；否则需要查明原因，视具体情况作进一步处理。对集体所有的土地，若四邻对界线无争议并签字盖章，则调查结束。

有争议的土地权属界线，短期内确实难以解决的，调查人员填写《土地争议原由书》一式 5 份，权属双方各持 1 份，市、县（区）、乡（镇、街道）各 1 份。调查人员根据实际情况，选择双方实际使用的界线，或争议地块的中心线，或权属双方协商的临时界线作为现状界线，并用红色虚线将其标注提供市、区的《土地争议原由书》和航拍（或地形图）上。争议未解决之前，任何一方不得改变土地利用现状，不得破坏土地上的附着物。

4.5　土地利用现状调查

土地利用现状调查主要是指在全国范围内，为查清各类用地的数量及其分布而进行的土地资源调查。土地利用现状调查分概查和详查两种类型。概查是为满足国家编制国民经济长远规划、制定农业区划和农业生产规划的急需而进行的土地利用现状调查。详查是为国家计划部门、统计部门提供各类土地的详细、准确的数据，为土地管理部门提供基础资料而进行的调查。

1984 年国务院部署第一次土地利用详查。第二次全国土地调查于 2007 年 7 月 1 日全面启动，计划于 2009 年完成。调查的主要任务包括：农村土地调查，查清每块土地的地类、位置、范围、面积分布和权属等情况；城镇土地调查，掌握每宗土地的界址、范围、界线、数量和用途；基本农田调查，将基本农田保护地块（区块）落实到土地利用现状图上，并登记上报、造册；建立土地利用数据库和地籍信息系统，实现调查信息的互联共享。在调查的基础上，建立土地资源变化信息的统计、监测与快速更新机制。详查通常以县为单位进行。

4.5.1　调查的目的

（1）为制定国民经济计划和有关政策服务　国民经济各部门的发展离不开土地资源。土地利用现状调查所获得的土地信息资料是编制国民经济计划、社会发展长远规划和制订国家各项大政方针的依据。

（2）为农业生产提供科学依据　农业是国民经济的基础，土地是农业的基本生产资料。因此，土地利用现状调查可为编制农业区划、土地利用规划和农业生产规划提供土地基础数据；并为制订农业生产计划和农田基本建设等服务。

（3）为建立土地登记和土地统计制度服务　通过土地利用现状调查，查清各类土地的权属、界线、面积等，为土地登记提供证明材料，为土地统计提供基础数据。从而为国家提供土地资料，为建立土地登记和土地统计制度服务。

（4）为编制土地利用总体规划服务　土地利用现状调查所提供的土地信息资料是编制全国土地利用总体规划及地方各级土地利用总体规划的基础。同时，还为全面管好用好土地服务。

4.5.2　调查的内容

以航空（天）摄影资料制作的正射影像图（或地形图）为调查底图，以县级行政辖区为单位，按照统一的技术要求，实地调查区域内每块土地的地类、位置、范围、面积、分布等利用现状。其调查内容包括以下方面。

（1）查清各类土地权属界线和村以上各级行政辖区范围界线。

（2）查清各地类及其分布，并量算各类土地面积。

（3）按土地权属单位和行政区范围，分别汇总各地类面积及土地总面积。

（4）编制分幅土地权属界线图和县、乡、村土地利用现状图。

（5）调查、分析土地权属和土地利用中的问题，总结经验，提出合理利用土地的建议。

4.5.3 调查的原则

为保质保量地完成土地利用现状调查任务，必须遵守下列调查原则。

（1）实事求是的原则　为查实土地资源家底，国家要投入巨大的人力、物力和财力。因此，在调查过程中，一定要实事求是，防止来自任何方面的干扰，禁止编造数据，确保数据可靠、准确无误。

（2）全面调查的原则　土地利用现状调查必须严格按有关规程的规定和精度要求进行，并实施严格的检查、验收制度。实践证明，各种类型土地都有相对的资源价值。全面调查有利于摸清土地资源家底，有利于国家制定战略发展和土地资源保护措施，有利于提高全民的资源保护意识。

（3）一查多用的原则　土地利用现状调查的成果不仅为土地管理部门提供基础资料，而且为农业、林业、水利、城建、统计、计划、交通运输、民政、工业、能源、财政、税务、环保等部门提供基础资料。一查多用就是要充分发挥土地利用现状调查成果的应有作用，减少重复投入。

（4）科学调查的原则　在调查中要尽量采用最新的科学技术和方法，在保证精度的前提下，既要技术先进又要经济合理，要把数字测量技术、全球定位系统（GPS）、遥感技术（RS）、地理信息系统（GIS）等先进技术运用到土地利用现状调查中。

（5）以改促管的原则　土地利用现状资料是科学管理土地和合理利用土地的必要基础资料。通过调查，要及时发现存在的问题，改进土地利用方式，科学地管理好土地，合理地利用土地。

（6）地块调查的原则　在土地所有权宗地内，按土地利用分类标准为依据划分出的一块地，称做土地利用分类地块（简称地块），俗称图斑。地块是土地利用调查的基本土地单元，要调查清楚每一块土地的利用类型。

4.5.4 调查的程序

土地利用现状调查工作是一项庞杂的系统工程，为确保成果资料符合技术规程的要求，必须遵照相关技术规程，按照土地利用现状调查工作的特点和规律，有条不紊地开展工作。其工作程序如图 4-6 所示。

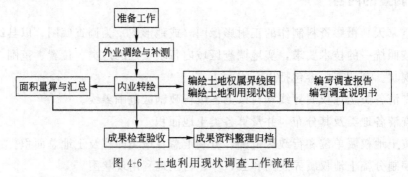

图 4-6　土地利用现状调查工作流程

调查时，以已有的调查成果和最新的正射影像图为基础，首先进行内业解译（判读、判译、预判、判绘），然后持调查底图到实地，将影像所反映的地类信息与实地状况一一对照、识别，将各种地类的位置、界线用规定的线画、符号在调查底图上标绘出来，将地物属性标注在调查底图或填写在手簿上，对调查底图上没有的信息，或无法在调查底图上勾绘的地物、地貌进行修补测。

4.5.5　调查的实施

4.5.5.1　准备工作

（1）调查申请　具备调查条件的县（市），由县级土地管理部门编写《土地利用现状调查任务申请书》或《土地利用现状调查和登记、统计任务申请书》（以下简称《申请书》）。其主要内容包括：辖区基本情况；所需图件资料；组织机构及技术力量情况；调查计划及经费预算等。《申请书》要经县级人民政府同意，然后报上级土地管理部门审批。申请批准后，要立即着手组织准备、资料准备和仪器设备准备等项工作。

（2）组织准备　组织准备包括建立领导机构、组织专业队伍、建立工作责任制等。土地利用现状调查由当地政府组织实施，成立专门的领导机构，负责组织专业技术队伍、筹集经费、审定工作计划、协调部门关系、裁定土地权属等重大问题。同时，为确保土地利用现状调查的质量及进度，还应组建一支以土地管理技术人员为主，由水利、农业、计委、城建、统计、民政、林业、交通等部门抽调的技术干部组成专业队伍。专业队设队长、技术负责人、技术指导组、若干作业组、面积量算统计组、图件编绘等。为增强调查人员责任感，还应建立各种责任制，如技术承包责任制、阶段检查验收制、资料保管责任制等。

各级组织机构都要有负责人，并且要做到职责明确，分工有序，使地籍调查工作的质量有管理上的保证。

（3）资料准备　包括收集、整理、分析各种图件资料、权属证明文件以及社会经济统计资料。土地利用现状调查，从准备工作到外业调绘、内业转绘，都需要能真实反映土地利用现状的工作底图，即基础测绘图件。常见的基础测绘图件有以下几种类型。

① 航片　应收集最新的航片及其相关信息，如航摄日期、航片比例尺、航高、航摄倾角、航摄仪焦距等数据资料。利用最新航片进行外业调绘，其优点是能充分利用航片信息量丰富且现势性强的特点，技术较易掌握，外业基本不需仪器，所需调查经费较少，又能保证精度。

② 地形图　需购置两套近期地形图，一套用于外业调查，另一套留室内用于编制工作底图。若地形图成图时间长，地物地貌会发生变化，则必须进行外业补测工作。

③ 影像平面图　影像平面图是以航片平面图为基础，在图面上配合以必要的符号、线画和注记的一种新型地图。它既具有航片信息丰富的优点，又可使图廓大小与图幅理论值基本保持一致。直接利用它可进行外业调查、补测，从而减少大量转绘工作。

④ 其他图件　如彩红外片和大像幅多光谱航片，其特点是信息量丰富、分辨率高，大量室外判读可转到室内进行，既可减少外业工作量，又能保证精度。

权属证明文件的收集包括征用土地文件、清理违法占地的处理文件、用地单位的权源证明等。

为了便于划分土地类型和分析土地利用状况，应向各有关部门收集专业调查资料，如行政区划图、地貌、地质、土壤、水资源、森林资源、气象、交通、人口、劳力、耕地、产量、产值、收益、分配等方面的统计资料和土地利用经验和教训等。

（4）仪器设备准备　调查前要准备好调查必需的仪器、工具和设备。包括配备必要的测绘仪器、转绘仪器、面积量算仪器、绘图工具、计算工具、聚酯薄膜等；印制各种调查手簿、表格；准备必要的生活、交通和劳动用品等。

4.5.5.2 外业工作

外业工作包括行政界线、地类调绘、线状地物调绘及其地物地貌的修补测等，简称外业调绘。

（1）行政界线调查

① 行政界线指省、地（市）、县（市、区）、乡（镇、街道办事处）的行政界线。已有土地调查基础图件上确定的各级行政界线，非经民政部门许可，不得改变。

② 省、地（市）、县（市、区）的行政界线以民政部门的行政区域勘界资料为依据进行转绘，不需外业调查。

③ 乡（镇）行政界线以民政部门的资料为准，一般不能改变。若要改变，须有民政部门的有关人员参加，由民政部门更改。

（2）地类调查　地类调查的目的是要查清调查区域内每块土地的地类、位置、范围等分布和利用状况。地类调查是土地利用状况调查的核心工作，采用内业采集的线画图与正射影像图以及转绘的行政界线相叠加，在现场调查核实权属界线和图斑、丈量线状地物的宽度，并补测新增地物。调查中必须做到实地调查、核实每一个图斑。对调查底图上的影像或内业采编的线画与实地不一致的内容，应以实地土地利用现状为准进行补测。无论面状图斑、线状地物还是零星地物，都要依据《土地利用现状分类》（GB/T 21010—2007）调查其地类。

对每一地块，其调查的核心数据项为：图斑号、行政区代码、权属单位、坐落单位、图斑面积、地类等。对于耕地，还需调查土地级别、坡度分级、耕地类型、基本农田编号等。

地类调查的最小单元是图斑。双线线状地物形成的地块，以及被行政区域界线、土地权属界线、单线线状地物（起分割图斑作用的）、地类界线分割而成的地块等作为图斑。一个图斑只能有一种地类性质。

① 基本原则　地类界是同一权属界线范围内的同一土地利用类型的范围线，确定地类界及地类应遵循以下基本原则。

a. 地类界应包含在权属界线内，即地类界不得跨越权属界线，权属界线包含行政村界、所有权界线和使用权界线。

b. 不同比例尺的图上面积和实地面积对应表见表 4-2。最小上图图斑面积是指不同地类图斑在不同比例尺工作底图上的最小图斑面积，即大于或等于表 4-2 中面积的必须以图斑在图上标绘，大于1：2000比例尺的参照1：2000上图标准，小于1：5000比例尺的参照1：5000上图标准。小于最小上图面积标准的零星地类不单独表示，应归入所在或相邻的地类图斑中。

表4-2 不同比例尺的图上面积和实地面积对应表

比例尺	居民地		耕地、园地、坑塘		林地、牧草地、未利用地	
	图上面积/mm²	实地面积/m²	图上面积/mm²	实地面积/m²	图上面积/mm²	实地面积/m²
1：2000	4	8	6	12	15	30
1：5000	4	100(0.15亩)	6	150(0.23亩)	15	375(0.56亩)

c. 宽度大于等于1.0m的固定农村道路、管道运输用地、沟渠、水工建筑用地和田坎等线状地物，要单独划定土地类型，分别用单线线状地物或双线线状地物图斑表示。当有权属界线通过时，即使线状地物宽度小于1.0m也应上图表示。

d. 同一地块内，交替穿插两种（或两种以上）地类时，应选择主要的地类表示，即同一地类界内的地类只能从属于一个土地分类，不能在同一个图斑内有多种土地分类并存。

e. 地物在空间上垂直交叠的，如道路与河流交叉、高架和立交道路，按最上层的地物确定用地类型。

f. 外业调查完成后，调查底图应完整标绘全部调查信息，包括行政界线、权属界线、地类及其界线、现状地物及宽度、补测地物以及编号和注记等。

② 地类判定 地类调查要做到土地分类层次清楚、从属关系明确。同一个二级地类只能从属于一个一级地类，不能同时在两个一级地类中并存。属于重复利用的地类，应选择主要利用地类表示。

③ 面状地物调查

a. 地类界确定 同一权属范围内的同一类土地用途的范围线为地类分界线，确定地类及地类分界线应做到：地类分类界线应包含在权属界内，即地类分类界线不跨越权属界线；同一地类界内，交替穿插两种（或两种以上）地类时，应以主要地类表示，即同一分类界线内的地类只能从属于一个土地分类，不能两个土地分类同时并存；村庄内部和村庄边缘的少量农用地可适当综合。

b. 图斑综合 实地地类零碎造成图斑破碎时，同一分类可适当综合成图上不大于2cm²的较大图斑。

c. 图斑编号 图斑编号按不同比例尺分区域编制，1：2000区域按图幅边线和村级境界线区域以村为单位，从1号开始，按从上到下、从左到右的原则统一编号；1：2000与1：500重叠部分则采用1：500的图斑编号；1：5000区域按1：2000接合部图幅边线和村级境界线区域以村为单位，按从上到下、从左到右的原则统一编号；1：500区域内的图斑编号以村为单位，由系统自动编号。

④ 线状地物调查 线状地物指宽度大于等于1m的河流、铁路、公路、林带，固定的农村道路、沟、渠、田坎、管道用地等。单线线状地物调绘在线状地物中心线上，双线线状地物边线按现状参照影像调绘在工作底图相应位置上。

因为线状地物主要依靠内业采编，因此外业的工作主要是丈量线状地物的宽度。典型线状地物的边界量测和定位方法，可参见相应技术规程。

a. 耕地调查　耕地内常年固定的平均宽度大于规定标准（包括护坡在内）的道路、田坎、沟、渠等，应作为相应地类划定。但耕地内随农作物生产分类不同而随时改变的田坎、沟等，即使其宽度大于规定标准，也仍应视为耕地。

b. 线状地物量测　外业丈量时，在线状地物的平均宽度处丈量线状地物宽度，量注至 0.1m，并在丈量处加点。

c. 农村道路的宽度量测　当以路为主时，除其本身宽度外，还应包含其两侧不以排灌为主的路沟及行树；若农村道路通行是因沟渠结构而形成的，可将道路归入沟渠地类界内；若道路、沟渠彼此间独立，则应分别确定地类界，表示时以其中一条主要的线状地物按准确位置上图，其余线状地物按相互关系间隔 0.2mm 表示。

d. 线状地物与居民点交汇时的标绘处理　线状地物（如农村道路、沟渠等）穿过城镇村时，要断在城镇村外围界线处；线状地物与农村居民点并行，当间距不小于图上 2mm 时，线状地物和居民点边线均应分别标绘在调查底图准确位置，其间的地带按现状调查；当间距小于图上 2mm 时，线状地物标绘在调查底图准确位置，并可作为居民点图斑界线。在面积计算时，居民点图斑面积应扣除作为图斑界线的线状地物面积的一半。

e. 线状地物之间狭长地带的标绘处理　狭长地带宽度大于等于图上 2mm 时，标绘为图斑，地类按现状调查；狭长地带宽度小于图上 2mm 时，各 1/2 综合到相邻线状地物中去。

f. 图斑、线状地物和零星地物的编号与表示方法　图斑、线状地物和零星地物的图上标注方法见表 4-3。

表 4-3　图斑、线状地物和零星地物的图上标注方法

图种和表示方法	工作地图		土地利用现状图	
	表示形式	示例	表示形式	示例
图斑	db	121G	ab/d	28G/121
线状地物	db/c	153Z/1.9	ab/d	31Z/153
零星地物	db	154C	ab/d	12C/154

表 4-3 中编码定义：a 表示图斑、线状地物、零星地物的各自序号；b 表示权属性质代码（国有——G、镇集体——Z、村集体——C、村民小组集体——CZ）；c 表示线状地物宽度；d 表示地类编号。

线状地物的地类编码应在宽度丈量点上平行于线状地物标注，字头朝北（东北）或西（西北）。同一条线状地物宽度变化大于 20% 时，应分别量测其宽度，并在调查底图实地变化相应的位置上，垂直于线状地物加绘一短实线，以分隔宽度不同的线状地物。

g. 线状地物与行政区域界线或土地权属界线重合时，线状地物标绘在准确位置上，境界线或权属界线用相应的符号在线状地物中间或两侧跳绘表示。

h. 两条（含）以上线状地物并行时，一般不综合处理，应按下列要求标绘和表示：依河流、铁路、高速公路、国道、干渠、县（含）以上公路、农村道路、沟渠、林带、管道等为主次顺序，主要线状地物标绘在调查底图准确位置，作为图斑界线，次要线状地物按准确位置标绘或离主要线状地物 0.2mm 标绘。

i. 线状地物的其他属性　主要包括坐落、权属单位、权属性质等应按要求记录在《土地调查记录手簿》上。

⑤ 零星地物调查　在 1∶10000 比例尺调查中，一般只对耕地中的非耕地、非耕地中的耕地，面积小于上图标准，但实地大于 100m^2（0.15 亩）的零星地物进行调查，并记录在《土地调查记录手簿》中，内业面积量算时扣除。

（3）新增地物补测　新增地物是指航摄后新增和变更的达到上图要求的地物和地类，要求调绘时进行补测。它是指实地存在而 DOM 影像上没有的构筑物和建筑物，调查区内所有新增地物均应按图斑补测调绘上图。

① 补测的地物点相对邻近明显地物点距离的中误差，平地、丘陵地不得大于图上 0.5mm，山地不得大于图上 1.0mm。

② 新增地物周围，如有足够的明显地物点，可用内插法、距离交会法、截距法等简易测绘方法补测，周围没有足够明显地物点的新增地物，宜采用全站仪或 GPS RTK 法补测。

③ 当用线画影像套合图或正射影像图调绘时，可直接在工作底图上补测；若用放大航片调绘，应按相应的坐标系统和比例尺，在白纸上补测并将补测的图纸扫描矢量化成同比例尺矢量数据文件。

④ 较大范围的新增地物一般应用外业数字采集的方法补测。

（4）土地调查记录手簿填写　对在调查底图上无法完整表示内容的图斑或线状地物，以及补测的图斑或线状地物，应按要求认真填写，其他能在调查底图上清晰完整表示内容的图斑或线状地物可以不填写。

在手簿上记载的图斑或线状地物中，要求反映其所在图幅号、编号、地类编码、权属单位、权属性质和线状地物实量宽度等信息。补测的图斑或线状地物必须绘制草图。

主要填写要求包括以下方面。

① 以行政村为单位分别对图斑或线状地物进行填写，以乡镇为单位装订成册。

② 当图斑或线状地物跨图幅时，要分别填写每一幅图的编号。

③ 预编号填写外业调查时的临时编号。

④ "权属单位" 栏填写图斑或线状地物所属的权属单位名称。当线状地物与权属界线重合时，应分别填写相邻权属单位的名称。

⑤ "权属性质" 栏填写图斑或线状地物所属的权属性质，分别是 G（国有）、Z（镇集体）、C（村集体）。

4.5.5.3　内业工作

土地利用调查的内业工作，包括数据采集、调查底图整饰、面积测算、成果整理等。数据采集和面积测算是内业工作的中心内容。成果整理包括面积的汇总统计、地籍图编制及土地利用调查报告或说明书的编写等。

（1）内业数据采集

① 内业工作准备，制定数据标准，选择数字化软件，选择数据库软件和数据管理平台，信息管理系统软件。

② 1：5000、1：10000、1：50000 内业数据采集与建库：依调查底图进行图形数字化，并录入相关属性，将数据导入数据库。

③ 1：1000、1：2000 内业数据采集根据航摄影像，在全数字摄影测量工作站上进行立体数据采集，采集各类地类的分界线和线状地物中心线，供外业调查；1：500 内业数据采集可依据相应精度的地形图及地籍图数据。

④ 1：500、1：1000、1：2000 内业数据编辑与建库，根据外业调查内容进行图形编辑和属性录入，最终数据导入数据库。

（2）调查底图整饰

① 基本要求

a. 应将外业调查的全部调查信息标绘在调查底图上，主要包括修测补测地物、线状地物宽度以及相关的注记等。

b. 外业直接在调查底图上进行标绘，标绘用的墨水应加入适量红矾。标绘要求线条光滑、饱满、实在，图面清晰合理，注记正规。标绘线画影像位置与实地一致，误差不得大于图上 0.2mm。为使标绘内容表达清晰完整，位置关系表示正确，外业采用双色标绘。在调查底图上，行政和权属界线、权属单位注记均用红色墨水标绘，地类等其他内容用黑色墨水标绘。

② 标绘

a. 行政和权属界线按规定的符号和要求标绘，底图上标绘的符号间隔尺寸可适当放大。当界线以单线线状地物或地类界为界，且界线在单线线状地物中心时，界线在线状地物两侧跳绘；界线在线状地物一侧时，界线在线状地物一边间隔图上 0.2mm 绘出；当界线以双线线状地物中心为界时，界线在双线线状地物中心绘出；界线与地类界重合时，地类界可省略不表示，界线在原地类界上表示完整。

b. 要求标绘位置严格套合像片影像，实地界线没有变化的应与原土地详查图校核。

c. 独立设宗的国有、镇有、村有宗地权属界线以红实线表示。

d. 地类标绘。所有图斑必须构成封闭的面，图斑边线与行政、权属界线之间的关系按设计书要求执行；每个图斑内必须标注图斑的地类号，单线线状地物一般包含在同一种地类图斑内；图斑预编号以村为单位，从左到右、自上而下顺序编号。

③ 注记　所有注记必须字体端正、大小适中、位置合理、指向明确、容易辨认。线状地物注记，字间隔不能过大。自然地理名称注记（如用仿宋体、黑色）与行政单位名称注记（如用等线体、红色）要有明显区分。

④ 图框整饰　注明图名、图号，左下角注明调查年月，右下角注明调查人员和检查人员的姓名。

⑤ 图幅接边　外业调查结束后，图幅之间要认真接边，行政、权属界线、地类界线和线状地物均按影像接边。注意接边图斑和线状地物的地类属性，行政、权属界线等级和名称，应严格一致。

（3）数据编辑与建库　土地调查数据编辑加工的作业平台，应采用适合内外业一体化作业、质量控制严格的地理信息采编平台。土地利用信息分类与编码、文件命名方式、空间要素分层、要素属性表结构、元数据等内容的采集和设定，应以现有标准和规范为准。其主要工作内容包括以下方面。

① 以图幅为单位，进行空间矢量数据采集、编辑、拓扑关系构建、属性数据采集、图幅接边、质量检查。

② 以行政区范围为单位，自村、镇到区范围逐级进行拓扑关系再构、图幅拼接、专题图编制、质量检查。

③ 经质量检查合格的分幅或行政区范围以文件方式进行存储，以行政隶属关系建立文件目录结构。

（4）面积统计与汇总　成果统计以县（区）级行政区域为单位。县级统计工作是在地类图斑面积量算完成之后，按县级行政单位由下至上（由村组到乡镇、县级行政区域）汇总统计分类土地面积。在村组、乡镇、县级三级分类面积汇总中，以村组界线内分类面积汇总为基础，乡镇内土地分类面积由各村组土地分类面积汇总而来，县级行政区域内土地分类面积则由各乡镇土地分类面积汇总而来（包含飞入地）。土地汇总总面积应与县级行政区域控制面积相等。

土地利用现状图、土地所有权属图等图件的绘制见第5章。面积量算方法、程序、原则和统计见第6章。

（5）调查报告的编写　土地利用现状调查报告是现状调查的真实文字记录，是极重要的成果资料之一，要求对整个调查工作进行系统的工作总结和技术性的总结探讨。编写的报告不仅对全面、系统、科学地管理土地具有重要意义，而且对编制国民经济计划、充实和发展土地科学、培养土地科学人才都有重要影响。

① 编写要求　乡级要编写土地利用现状调查说明书。县级要编写调查报告。县级调查报告应着重归纳土地利用现状调查成果，分析土地利用的特点，并从宏观上提出开发、利用、整治、保护土地的意见。调查报告的内容应充实，文句要通顺，尽量做到文、表、图并用。

② 乡级调查说明书的内容　主要叙述全乡概况，各类土地面积及分布状况，利用特征及问题，土地权属问题等。文后附调查人员名单及在调查中承担的任务。

③ 县级土地利用现状调查报告的内容

a. 自然与社会经济概况　包括调查区的地理位置及行政区划，本县行政区域形成的历史沿革及行政区划变化情况，进行外业调绘时，还包括本县所辖区、乡（镇）、场、村，自然条件与社会经济条件等。

b. 调查工作情况　包括调查工作的组织领导、调查队伍的组建与培训，工作计划与方法，执行规程的情况，技术资料的收集与应用，经费的筹集与使用，调查工作的经验与存在的问题等。

c. 调查成果及质量分析　主要包括：各项调查成果名称并简介其内容；对土地利用调查及土地权属调查结果的分析，如各类土地的比重与分布，地界的调绘与补测等；对各项调查成果质量的评价，即精度分析；存在的问题及产生的原因等。

d. 土地合理开发利用、整治保护的途径及建议　包括土地利用结构、利用程度、利用水平，土地利用中存在的问题，合理开发、利用、整治、保护土地的途径及建议。

（6）成果检查验收 调查成果实行省、县、作业组三级检查和省、县二级验收制度。检查验收以《土地利用现状调查技术规程》为标准，县级验收作业组的成果，省验收县的成果。

思考题

1. 何谓地籍总调查？它与初始地籍调查有何不同？

2. 地籍调查工作主要包括哪两方面？

3. 地籍调查的内容主要有哪些？

4. 简述地籍调查的工作程序。

5. 土地权属调查要做哪些准备工作？

6. 土地权属实地调查的内容有哪些？

7. 土地权属界址调查的步骤有哪些？

8. 何谓宗地草图？宗地草图上应表示哪些内容？

9. 宗地草图的比例尺为何不要求统一？

10. 试绘一张你熟悉的宗地草图，并注明四至、界址边长等信息。

11. 土地利用现状调查的目的是什么？

12. 土地利用现状调查的内容是什么？

13. 土地利用现状调查的原则是什么？

14. 土地利用现状调查的工作程序是什么？

15. 土地利用现状调查的准备工作有哪些？

16. 土地利用现状调查的外业工作有哪些？

17. 地类调绘应注意哪些问题？线状地物调绘有哪些要求？

18. 土地利用现状调查的内业工作有哪些？

19. 县级土地利用现状调查报告的内容有哪些？

第5章 地籍测量

地籍测量是地籍调查工作的重要组成部分，也是面积计算与汇总统计的基础。本章主要介绍地籍图的分幅与编号、地籍图的基本内容、界址点的测量方法、地籍图的测绘、宗地图的绘制，以及土地利用现状图的编制和地籍测量的成果整理等。

5.1 地籍测量概述

5.1.1 地籍图及其分类

(1) 地籍图的概念　地籍图是基本地籍图和宗地图的统称，是表示土地权属界线、面积和利用状况等地籍要素的地籍管理专业用图，是地籍调查的主要成果。

地籍图是对在土地表层自然空间中各类地籍要素的地理位置的描述，并用编排有序的标识符对其进行标识。通过宗地标识符，使地籍图、地籍数据和表册建立有序的对应关系。地籍图是土地管理的专题图，它首先要反映包括行政界线、地籍街坊界线、界址点、界址线、地类、地籍号、面积、坐落、土地使用者或所有者及土地等级等地籍要素；其次要反映与地籍有密切关系的地物及文字注记，一般不反映地形要素。地籍图是制作宗地图的基础图件。

(2) 地籍图的分类　地籍图根据其内容、用途、表达形式不同有不同的分类，常有以下几种分类形式。

① 按表示的内容分为：基本地籍图和专题地籍图。

② 按城乡地域的差别分为：农村地籍图和城镇地籍图。

③ 按图的表达方式分为：模拟地籍图和数字地籍图。

④ 按图的用途分为：税收地籍图、产权地籍图和多用途地籍图。

⑤ 按图幅的形式可分为：分幅地籍图和地籍岛图。

下文中若没有特殊说明，地籍图即指基本地籍图。我国现在主要测绘制作的有城镇地籍图、宗地图、农村居民地地籍图、土地利用现状图、土地所有权图等。

5.1.2 地籍图的比例尺及其选择依据

(1) 地籍图的比例尺　地籍图的比例尺直接影响其使用价值和生产成本，选择地籍图的比例尺应以满足地籍管理的需要为前提。一般来说，成图比例尺越大，各类要素的表示就越详细齐全，权属界线及面积的精度就越高，所需的人、财、物力及成图周期会更多和更长。

世界上各国地籍图的比例尺系列不一，发达国家测绘地籍图的比例尺通常有 1：250、1：500、1：1000、1：2000 和 1：5000 等几种。例如，德国黑森州地籍图比例尺为 1：500～1：2000，前者用于城乡居民点，混合区采用 1：1000，林区采用 1：2000。日本的地籍图比例尺采用 1：250、1：500、1：1000 等几种，而表示地籍内容的土地利用现状图比例尺为 1：1000、1：2500、1：5000。

我国《地籍调查规程》TD/T 1001—2012（以下简称《规程》）规定以下内容。

① 地籍图可采用 1：500、1：1000、1：2000、1：5000、1：10000 和 1：50000 等比例尺。

② 集体土地所有权调查，其地籍图基本比例尺为 1：10000。有条件的地区或城镇周边的区域可采用 1：500、1：1000、1：2000 或 1：5000 比例尺。在人口密度很低的荒漠、沙漠、高原、牧区等地区可采用 1：50000 比例尺。

③ 土地使用权调查，其地籍图基本比例尺为 1：500。对村庄用地、采矿用地、风景名胜设施用地、特殊用地、铁路用地、公路用地等区域可采用 1：1000 和 1：2000 比例尺。

（2）地籍图比例尺的选择依据　相关规程对地籍图比例尺的选择规定了一般原则和范围，但对于一个城市或具体区域而言，应选择多大的地籍图比例尺，除考虑用图目的和经费来源外，必须考虑以下因素。

① 繁华程度和土地价值　就土地经济而言，地域的繁华程度和土地价值是相关的，对于城市尤其如此。城市的商业繁华程度主要是指商业和金融中心的聚集度，因其在城市中的区位优势带来良好的经济效益，而并非土地的质量优良。如武汉市的江汉路、上海市的南京路、北京市的王府井大街等。一般来说，繁华程度可用土地的级差收益表示。显然，对城市黄金地段，要求地籍图对地籍要素及地物要素的表示十分详细和准确，因此必须选择大比例尺测图，如 1：250 或 1：500；反之，可以粗略些。农村的土地价值主要与土地质量因素有关（包括水利、交通），土地质量好则经济价值高，其比例尺可选择大一些；反之则低，测图比例尺可小些。

② 建筑密度和细部精度　一般来说，建筑物密度大，其比例尺可大些，以便使各宗地能被清晰地上图，不至于使图面负载过大，避免地物注记相互压盖而影响其使用价值。若建筑物密度小，选择的比例尺就可小些。另外，表示房屋细部的详细程度与比例尺有关，比例尺越大，房屋的细微变化就表示得越清晰。如果比例尺小了，细小的部分无法表示，要作省略或综合处理，会影响量测房屋的占地面积的准确性。

5.1.3　地籍图的分幅与编号

（1）1：50000 的地籍图，以 1：100 万国际标准分幅为基础，采用 24×24 的行列梯形分幅。图幅大小为经差 15′、纬差 10′。

（2）1：10000 的地籍图，以 1：100 万国际标准分幅为基础，采用 96×96 的行列梯形分幅。图幅大小为经差 $3'45''$、纬差 $2'30''$。

（3）1∶5000 的地籍图，以 1∶100 万国际标准分幅为基础，采用 $192×192$ 的行列梯形分幅。图幅大小为经差 $1'52.5''$、纬差 $1'15''$。

（4）1∶500、1∶1000、1∶2000 的地籍图可采用正方形分幅（50cm×50cm）或矩形分幅（40cm×50cm）。图幅编号按照图廓西南角坐标公里数编号，X 坐标在前，Y 坐标在后，中间用短横线连接。

农村地籍图的比例尺一般采用 1∶5000、1∶10000 或 1∶50000，按国际标准分幅编号，图幅编号方法详见有关测量学教材，不再赘述。城镇地籍图的比例尺一般采用 1∶500、1∶1000 或 1∶2000，采用正方形分幅或矩形分幅。

无论城镇地籍，还是农村地籍图，均应以本图幅内最著名的地理名称或企事业单位、学校等名称作为图名，以前已有的图名一般应沿用。

5.1.4　地籍图的基本要求

（1）可采用全野外数字测图、数字摄影测量和编绘法等方法测绘地籍图。测图的具体技术应根据测图比例尺和测图方法，按照地形图航空摄影测量内业规范（GB/T 7930、GB/T 12340、GB/T 13390）、地形图航空摄影测量外业规范（GB/T 7931、GB/T 12341、GB/T 13977）、地形图航空摄影测量数字化测图规范（GB/T 15967）、《城市测量规范》（CJJ/T 8）和《全球定位系统实时动态测量（RTK）技术规范》（CH/T 2009）执行。

（2）地籍图图面必须主次分明、清晰易读。

（3）地籍图的基本精度应符合表 5-1 的规定。

表 5-1　地籍图平面位置精度　　　　　　　　　　　　单位：mm

序号	项目	图上中误差	图上允许误差	备注
1	相邻界址点的间距误差	±0.3	±0.6	
2	界址点相对于邻近控制点的点位误差	±0.3	±0.6	荒漠、高原、山地、森林及隐蔽地区等可放宽至 1.5 倍
3	界址点相对于邻近地物点的间距误差	±0.3	±0.6	
4	邻近地物点的间距误差	±0.4	±0.8	
5	地物点相对于邻近控制点的点位误差	±0.5	±1.0	

5.1.5　地籍图的主要内容及表示方法

地籍图的内容包括行政区划要素、地籍要素、地形要素、数学要素和图廓要素。如图 5-1 所示。

5.1.5.1　行政区划要素

（1）行政区划要素主要指行政区界线和行政区名称。

（2）不同等级的行政区界线相重合时应遵循高级覆盖低级的原则，只表示高级行政区界线，行政区界线在拐角处不得间断，应在转角处绘出点或线。行政级别从高到低依次为：省级界线、市级界线、县级界线和乡级界线。

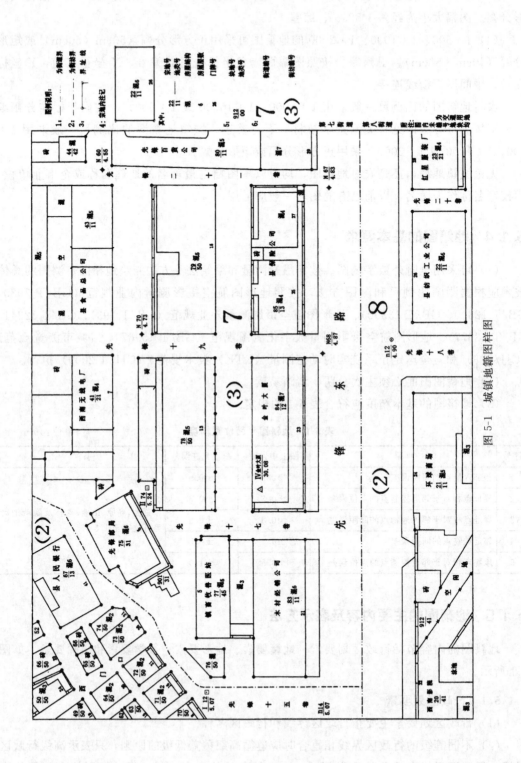

图 5-1　城镇地籍图样图

（3）当按照标准分幅编制地籍图时，在乡（镇、街道办事处）的驻地注记名称外，还应在内外图廓线之间、行政区界线与内图廓线的交汇处的两边注记乡（镇、街道办事处）的名称。

（4）地籍图上不注记行政区代码和邮政编码。

5.1.5.2　地籍要素

（1）地籍要素包括地籍区界线、地籍子区界线、土地权属界址线、界址点、图斑界线、地籍区号、地籍子区号、宗地号（含土地权属类型代码和宗地顺序号）、地类代码、土地权利人名称、坐落地址等。

（2）界址线与行政区界线相重合时，只表示行政区界线，同时在行政区界线上标注土地权属界址点，行政区界线在拐角处不得间断，应在转角处绘出点或线。

（3）地籍区、地籍子区界线叠置于省级界线、市级界线、县级界线、乡级界线和土地权属界线之下。叠置后其界线仍清晰可见。

（4）地籍图上，对于土地使用权宗地，宗地号及其地类代码用分式的形式标注在宗地内，分子注宗地号，分母注地类代码。对于集体土地所有权宗地，只注记宗地号。宗地面积太小注记不下时，允许移注在空白处并以指示线标明。宗地的坐落地址可选择性注记。

（5）按照标准分幅编制地籍图时，若地籍区、地籍子区、宗地被图幅分割，其相应的编号应分别在各图幅内按照规定注记。如分割的面积太小注记不下时，允许移注在空白处并以指示线标明。

（6）地籍图上应注记集体土地所有权人名称、单位名称和住宅小区名称。个人用地的土地使用权人名称一般不需要注记。

（7）可根据需要在地籍图上绘出土地级别界线，注记土地级别。

5.1.5.3　地形要素

（1）界址线依附的地形要素（地物、地貌）应表示，不可省略。

（2）1∶5000、1∶10000、1∶50000 比例尺地籍图上主要地形要素包括居民地、道路、水系、地理名称等，注记表示方法按照《国家基本比例尺地图图式第 2 部分：1∶5000、1∶10000 地形图图式》（GB/T 20257.2）和《国家基本比例尺地图图式第 3 部分：1∶25000、1∶50000、1∶100000 地形图图式》（GB/T 20257.3）执行。

（3）1∶500、1∶1000、1∶2000 比例尺地籍图上主要的地形要素包括建筑物、道路、水系、地理名称等。注记表示方法按照《国家基本比例尺地图图式第 1 部分 1∶500、1∶1000、1∶2000 地形图图式》（GB/T 20257.1）执行。

（4）可根据需要表示地貌，如等高线、高程注记、悬崖、斜坡、独立山头等。

5.1.5.4　数学要素

数学要素包括内外图廓线、内图廓点坐标、坐标格网线、控制点、比例尺、坐标系统等。

5.1.5.5　图廓要素

图廓要素包括分幅索引、密级、图名、图号、制作单位、测图时间、测图方法、图式版本、测量员、制图员、检查员等。

5.2 界址点测量

5.2.1 界址点的测量方法

界址点的测量方法包括解析法和图解法。

（1）解析法是指采用全站仪、GPS 接收机、钢尺等测量工具，通过全野外测量技术获取界址点坐标和界址点间距的方法。界址点精度应符合表 5-2 的要求。

（2）图解法是指采用标示界址、绘制宗地草图、说明界址点位和说明权属界线走向等方式描述实地界址点的位置，由数字摄影测量加密或在正射影像图、土地利用现状图、扫描数字化的地籍图和地形图上获取界址点坐标和界址点间距的方法。图解界址点坐标不能用于放样确定实地界址点的精确位置。图解法的精度较低，适用于农村地区的地籍测量，并且是在要求的界址点精度与所用图解的图件精度是一致的情况下采用。随着地籍功能及测绘技术的发展，该种方法将逐渐退出历史舞台，本书不再作具体介绍。界址点精度应符合表 5-3 的要求。

5.2.2 界址点的精度

5.2.2.1 解析法获取界址点坐标和界址点间距的精度要求

用解析法测量界址点时，界址点坐标和界址点间距的精度要求见表 5-2。

表 5-2　解析界址点的精度　　　　　　　　　　　　单位：cm

级别	界址点相对于邻近控制点的点位误差，相邻界址点间距误差	
	中误差	允许误差
一级	±5.0	±10.0
二级	±7.5	±15.0
三级	±10.0	±20.0

注：1. 土地使用权明显界址点精度不低于一级，隐蔽界址点精度不低于二级。

2. 土地所有权界址点可选择一、二、三级精度。

5.2.2.2 图解界址点的精度指标

用图解法测量界址点时，界址点坐标和界址点间距的精度要求见表 5-3。

表 5-3　图解界址点的精度　　　　　　　　　　　　单位：mm

序号	项目	图上中误差	图上允许误差
1	相邻界址点的间距误差	±0.3	±0.6
2	界址点相对于邻近控制点的点位误差	±0.3	±0.6
3	界址点相对于邻近地物点的间距误差	±0.3	±0.6

5.2.3 解析界址点测量的方法

5.2.3.1 一般规定

（1）利用全站仪、GPS 接收机和钢尺等测量工具野外实测界址点坐标。主要方法有极坐标法、直角坐标法（正交法）、截距法（内外分点法）、距离交会法、角度交会法、全球卫星定位系统（GPS）测量方法等。可根据界址点的观测环境选用不同的方法。

① 当采用全站仪测量时，观测时应做测站检查，检查点可以是定向点、邻近控制点和已测设的界址点。

② 当采用钢尺量距时，宜丈量两次并进行尺长改正，两次较差的绝对值应小于5cm。

③ 无论采用哪种方法测量界址点，都应进行有效检核。有两种检核界址点测量误差的方法：一是界址点坐标点位检核；二是界址点间距检核。检核结果应符合表5-2的规定。

（2）如果测量员没有参与现场指界，施测界址点之前应根据地籍调查表、宗地草图和工作底图到现场细致勘查界址点的位置及其周围的环境，为测量控制点的选取、界址点和地籍图施测方法的选择做好充分的准备。

（3）经土地权属调查确认的已有界址点，现场核实界标未损坏、移动，并进行检测，如检测结果在表5-2规定的允许误差范围内，应使用原界址点坐标成果；如检测结果超过表5-3规定的允许误差，经相关土地权利人同意后，采用检测的界址点坐标，并在地籍调查表中的地籍测量记事中说明。

（4）如果土地权属来源资料中给定了满足表5-2精度要求的新增界址点几何条件或解析坐标等参数，可根据给定的参数计算放样参数，在实地放样埋设界桩。界址点放样的精度应符合表5-2的规定。

（5）测量界址点所使用的测量工具，应检定合格并在有效期内才能用于作业。观测角度的仪器级别不低于 J_6 级。全站仪的对中、整平、观测等技术要求按照《城市测量规范》（CJJ/T 8）执行。GPS接收机的架设、观测和计算按照《全球定位系统实时动态测量（RTK）技术规范》（CH/T 2009）执行。

（6）界址点坐标取位至0.001m。

5.2.3.2　解析法的适用范围

各种解析法的测量原理在相关教材中已有详细论述，在此主要说明其适应范围。

（1）极坐标法　极坐标法主要用于城镇村庄区域和农村区域建设用地的界址点测量和城郊结合部、经济发达地区的集体土地所有权界址点的测量，也可用于全球卫星定位系统（GPS）测量方法无法测定的土地所有权界址点坐标的测量。观测时应采取距离（纵向）和角度（横向）偏心等技术消除或减弱棱镜中心到界址点的偏差（棱镜对准误差）的影响。

（2）角度交会法　对于角度观测方便而距离测量有困难或放置棱镜特别耗时的界址点，可采用角度交会法施测，但交会角应控制在30°～150°的范围内。

（3）距离交会法　其他方法施测困难或不能施测的界址点，可采用距离交会法施测，但交会角应控制在30°～150°的范围内。

（4）直角坐标法　其他方法施测困难或不能施测的界址点，可采用直角坐标法施测，但界址点到控制线的水平距离与控制线的水平长度之比不应超过1/2。

（5）截距法　其他方法施测困难或不能施测的界址点，可采用截距法施测，但外分点到邻近起算点的距离应小于两个起算点之间的距离。

（6）全球卫星定位系统（GPS）测量方法　能满足表 5-2 精度要求的 GPS 定位方法主要有 GPS 实时动态定位方法（RTK）、网络 GPS（RTK 和 CORS）定位方法。观测时，界址点周围的环境条件应符合 GPS 接收机的观测条件。

5.3　地籍图测绘

地籍图测量方法分模拟法测图和数字法测图。这两种方法的主要区别在于测绘地籍图所采用的仪器工具、成图手段不同。数字法测绘地籍图是指从野外数据采集、数据组织到绘制地籍图都由计算机等电子设备辅助完成。模拟法测绘地籍图基本靠手工完成。当地籍调查范围内有现势性较好的同比例尺的地形图时，也可以利用权属调查及界址点测量成果编绘地籍图。不论采用何种方法测绘地籍图都应充分利用宗地草图数据、权属调查勘丈数据及解析界址点坐标数据。

目前，数字法测图在地籍细部测量中已得到普及和应用，主要原因有以下方面。

（1）测绘的自动化程度高　模拟法测图不仅精度很低，而且费工费时，易出错，劳动强度大，地籍图制作、宗地图制作、面积计算和统计汇总等每一步骤都需要大量的人工操作，无法实现自动化；而采用数字法地籍成图，不仅提高了地籍图、宗地图成图的速度、制图的质量和应用的灵活性，而且可以节省大量的人力和物力，是实现地籍管理现代化的一个重要手段；地籍细部测量所采集的信息可以自动导入地籍管理信息系统。

（2）设备的集成化程度高　电子化和数字化的地面测量仪器的大量出现，以及计算机技术的迅速发展，地面测量仪器可以通过电子手簿或便携式计算机（下面称便携机），与各种电子速测仪或测距仪、电子经纬仪连接成一体构成野外地面数据采集系统。

（3）硬软件的日益完善　内业图形处理软件及图形输入输出设备（如计算机、扫描仪、数字化仪、绘图仪、打印机等）性能的完善和成本的降低，为实现数字法测图提供了内业保障。

（4）时代发展的客观要求　地理信息产业的崛起和地籍管理信息系统建设的飞速发展，迫切需要数字化的地籍图产品，为大比例尺数字地籍图的应用找到了出路。

（5）测绘成果的高精度　数字法测图具有高精度、低成本、灵活、方便的特点，与GPS 定位和航空航天遥感成图形成了极好的互补关系。

因此，有条件的地区应尽量的采用数字法测绘地籍图。下面主要介绍 3 种数字法测绘地籍图的方法，即全野外地籍测图、数字摄影测量成图和编绘法成图。

5.3.1　全野外地籍测图

5.3.1.1　概述

数字法测图，若从野外实地采集数据，则称野外地面数字测图（以区别其他的数字测图，如航测数字测图），其实质是一种数字、机助测图的方法。测绘出的地籍图是以计算机磁盘（或光盘）为载体的数字地籍图，它是以数字的形式表达地籍信息（几何信息和描述信息）。

数字地籍测图由全站仪（或 GPS-RTK）直接测量界址点和地物点的坐标和高程，并给以地图符号、界址点及地物点之间连接等信息码，通过计算机处理，生成数字地籍图和宗地图。数字地籍图以数据形式存储在计算机的存储介质上（如硬盘、软盘光盘、磁带等），可以通过绘图仪，绘制出地籍图。这种方法主要适用于采用解析法测定界址点的地籍细部测量。采用数字法测绘地籍图时，测定界址点位的坐标可以与测图同步进行，但测定界址点位时，应满足《规程》界址点点位精度的要求。

5.3.1.2 野外数据采集及数据组织

（1）准备工作　采用数字法进行地籍细部测量前，应做好以下准备工作：根据城镇地籍调查的范围，划分好地籍区、地籍子区；进行地籍权属调查，实地标出每宗地界址点的位置；布设地籍控制网，进行控制网观测和平差；划分每个作业小组测区范围。

当一个测区较大时，特别是多个作业组同时作业时，为避免重测、漏测和对所测数据进行及时处理，一般要将测区按地籍权属调查划分好的街坊分成若干区域（分区），然后确定每个作业小组所要测的分区。一般一个街坊为一个分区，当街坊很大时，也可按自然地物的边界在一个街坊内分几个分区。由于数字测图外业并不以图幅为单位进行，如果不将测区分成若干分区，将给内业处理造成很大困难。若将测区分成若干分区，则在完成某一分区的测量后，就可对这一区域内数据进行处理。只要保证各相对独立的分区内数据正确，整个测区的数据正确度也能得到保证。分区的另一好处是避免数据过大，使作业员能及时、有条理地进行外业和内业处理。对一个分区内的数据要求不能有重复点号，也就是说在一个分区内的所有测点（包括界址点和地物点等）的点号与实地是一一对应的关系，不允许实地一个点对应几个点号，或一个点号对应实地多个点。

（2）野外数据采集　数字法地籍测图时，野外数据采集的方法按数据记录器的不同可以分为：电子手簿记录模式、便携机记录模式、电子速测仪数据存储卡记录模式、GPS测量模式。

① 电子手簿记录模式　采用电子手簿通过电缆与全站仪（或半站仪）连接，可以实现观测数据或坐标值的在线采集，也可以与测距仪和光学经纬仪配合，观测数据由人工按键输入。使用的电子手簿一般有：电子速测仪原配套的电子手簿（如 GRE3/4、SDR 系列，REC 系列等）；利用 PC-1500 或 PC-E500 改装的电子手簿；利用掌上型电脑开发的电子手簿。因第三种电子手簿具有与 MS-DOS 或 Windows 完全兼容的操作系统，并含有汉字菜单和提示，内存大，运行速度快，可以进行图形显示，因而目前国内主要使用掌上型电脑开发的电子手簿作为数字法地籍测图野外数据采集的记录器。

采用此种作业模式时，一个外业测量小组一般需要 3~4 人。观测员 1 人，在测站上负责观测和数据记录；绘图员 1 人，白天在野外负责画草图和指挥司镜员，晚上负责在电子手簿上连码（即输入地物的属性信息）；司镜员 1 人或 2 人（可以是非测绘专业人员或临时工），负责在待测点设置棱镜。

为节省野外作业时间，利用电子手簿记录模式进行野外数据采集时，一般在野外只进行简单的连码（即输入点的符号类别和点之间的连线信息），晚上或雨天再根据野外所画的草图进行连码。当连码完成后，即可将手簿中的测量数据和连码数据传输到微机，由测图系统生成图形，并进行适当的图形编辑。

利用电子手簿记录模式进行野外数据采集有以下优缺点。优点：硬件成本低，省电，携带轻，操作方便；多个小组可以共用一套测图系统（测图系统一般安装在室内的微机上，电子手簿中一般仅装有测图系统中的数据采集部分），购置软件费用低；对司镜员条件要求很低，工资支出少；野外不需详细连码和图形生成，可以减少野外作业时间。缺点：现场不能及时看到所测的全图，测错时不易发现；内业工作量稍大。

② 便携机记录模式　采用便携机记录模式时，可以将便携机通过电缆与全站仪（或半站仪）连接，实现观测数据或坐标值的在线采集，在线采集要求便携机必须在测站，也可以在便携机与电子速测仪之间建立无线数据传输（离线采集），将电子速测仪的观测数据传输给便携机接收、记录，此时便携机可以随棱镜一起移动，也可以放在测站或其他方便的位置。随着便携机价格降低，重量减轻、抗外界环境的性能增强及便携机整体性能的提高，该记录模式在地面数字测图野外数据采集时将会被越来越多的采用。该记录模式的便携机类似于模拟法测图时的小平板，因此采用便携机记录模式测图，也被人们称为"电子平板法"测图。

利用便携机记录模式进行野外数据采集时，一个外业测量小组一般需要 3～4 人。观测员 1 人，在测站上负责观测；绘图员 1 人，在测站上负责便携机的数据记录，并在便携机上连码，现场由测图系统生成图形，并进行适当的图形编辑；司镜员 1 人或 2 人（必须是测绘专业人员），负责选定待测点，并在点上设置棱镜，绘制部分草图。

利用便携机记录模式进行野外数据采集有以下优缺点。优点：现场可以及时看到所测的全图，测错时比较容易发现；内业工作量少。缺点：硬件成本高，耗电，携带不方便；每个小组必须配一套测图系统，购置软件费用高；对司镜员条件要求较高，工资支出多；野外应连码和生成图形，导致野外作业时间增加。

为了综合上述两种数据采集模式的优点，目前已采用性能更强基于 WINDOWS CE 操作系统的 PDA（也是掌上型电脑）作为电子手簿，并在 PDE 上安装与在便携机上类似的测图系统，从而既可以及时看到所测的全图（实现所测即所现），又可以克服便携机的一些弱点（如硬件成本高、耗电、携带不方便等）。缺陷是 PDA 的屏幕显示尺寸较小，对于地形地物较复杂的地区，野外图形显示及编辑时没有便携机方便。

③ 电子速测仪数据存储卡记录模式　近年来，生产的电子速测仪（如 POWERSET 2000 系统）多数不再采用电子簿为数据记录器，而是采用内存（类似计算机的硬盘）或可卸式 PCMCIA 卡记录观测的数据，而且在电子速测仪中自带与 MS-DOS 兼容的操作系统，可以由用户编制记录程序并安装到电子速测仪中，输入数据编码。它无需电缆连接，野外记录十分方便。电子速测仪内存中记录的数据，将电子速测仪与计算机用通信电缆连接后，可以方便地传输到计算机中，用 PCMCIA 磁卡记录的数据，可以直接被计算机读取。在镜站遥控开机测量，电子速测仪自动跟踪、照准、数据记录，还可在镜站遥控进行检查和输入数据编码。

④ GPS 测量模式　GPS 定位技术在测绘中已得到应用和普及。近年来推出的载波相位差分技术，又称 RTK（Real Time Kinematic）实时动态定位技术，能够实时提供测点（流动站）的三维坐标。应用 RTK 技术进行定位是要求基准站（测站）GPS 接收机实时

的把观测数据（如伪距或相应观测值）及已知数据（如基准点坐标）实时传输给流动站GPS 接收机，流动站快速求解整周模糊度，在观测到四颗卫星后，可以实时的求解出厘米级的流动站动态位置。

采用 RTK 技术进行地籍细部测量时，仅需 1 人背着 GPS 接收机在待测点上观测 1～2s，即可求得测点坐标，通过电子手簿记录（配画草图，室内连码）或 PDA 记录（现场显示图形并连码），由大比例尺数字测图系统软件输出所测绘的地图。采用 RTK 技术进行测图时，无需测站点与待测点间通视，仅需 1 人操作，便可完成测图工作，可大大提高工作效率。但在影响 GPS 卫星信号接收的遮蔽地带，还需将 GPS 与电子速测仪结合，二者取长补短，可更快捷的完成测图工作。

（3）数据组织　数字法地籍细部测量是在数字测图系统上完成的，数字测图系统是以计算机为核心，在外连输入输出设备和硬、软件的支持下，对地形空间数据进行采集、输入、成图、绘图、输出、管理的测图系统。数字法地籍细部测量时，首先通过对待测点（界址点、地物点等）的观测，获得测点的三维坐标（几何信息），但是，如果仅知道测点的坐标，数字测图系统还无法绘出地籍图，还必须知道测点的属性信息。测点的属性信息包括：该测点是属于哪类地物上的点（如界址线、房屋、道路、消防栓、沟渠等），每类地物有一个唯一的编码；该地物上共测了那些点；地物上各点的连接顺序及连线线型（直线、圆、圆弧、曲线等）。当一个点被两个以上的地物使用时，该点为地物公共点；当一个地物仅有一个点组成时，该地物为独立地物（点状地物）。无论采用哪一种数字测图系统软件及野外数据采集模式，点或地物属性的数据组织（包括编码、输入、编辑、保存格式）都是大同小异。有关地物属性编码、点连接信息、线型代码、数据结构等数据组织的内容，请详见 2.6 节。

按照数字测图系统的要求，数据组织完毕并存盘后，即可由数字测图系统调用其系统内的图式符号库，进行图形生成。一个分区的外业数据采集结束后，一般形成两个文件：一个是图块（地物）描述信息文件，一个是测点坐标文件。

图块（地物）描述信息文件包括该分区内各个图块的信息，主要内容包括作业分区号、宗地号、地类号、结构代码、图块代码、楼层、线型代码、点号、结束标志等。

测点坐标文件的格式一般如下：点号，X 坐标，Y 坐标，H 高程，点标志，作业分区号。

其中，点号：测量点的统一编号，一个分区内点号应唯一；X、Y、H 为点的三维坐标；点标志：对该点的备注说明；作业分区号：外业采集数据时的分区号，可与街坊号对应。

5.3.1.3　地籍图生成与编辑

（1）图廓整饰内容的自动注记　根据组织的数据文件，测图系统软件会自动注记图廓内容。

（2）自动注记宗地号、地类号　在图形生成时，测图系统软件会对测点坐标及地物属性信息是否正确、完整等进行检查，房屋边界线、界址线是否闭合，测点坐标是否超出测区（平面及高程）范围、界址线是否交叉等。对于检查出的问题，进行修改后重新生成地籍图。

（3）地籍图的编辑　地籍图生成完毕后，在输出前一般还要经过图形编辑，其内容包括以下方面。

① 对测错的地物进行修改，对漏测的地物进行增加。

② 在不影响地物表示精度的情况下，从美观角度考虑，对部分地物进行修饰、配置等。

③ 对地籍图上的有关道路、河流、村庄、单位等名称进行注记说明，对重要地物进行标注。

④ 图廓整饰。

对于新生成的数字地籍图，只有经过图形编辑和检查后才能输出或交付使用。为了完成这些编辑工作，数字测图系统的图形编辑软件应具有如下功能：图形（包括地物、注记、等高线等）的增加、删除、修改、旋转、平移、复制、放大、缩小、冻结、打印等，以及多边形裁减、图层及颜色管理、典型图形的坐标计算、地图符号库的维护等。

（4）地籍图层次存放　在地籍图生成之后，应对图件上各种信息进行分类，并根据不同要求存放在不同图层中，就像把地籍图按内容分别绘制到几张透明纸上一样。

首先，图形信息根据其内容和属性分别存放在不同的图层中，例如，可以将区、街道、街坊、宗地等边界线作为一层，将道路、河流、沟渠等作为一层或多层，将各类房屋作为一层，将不同的注记说明放在不同的层。这样就可以针对不同的服务对象，通过图层选择，突出某些要素，去除一些要素，从而产生不同内容的专题图件。例如，把地籍图与地价图中一些共同信息存放在一些层次中，把各自不同的信息存放在另一些层次中，这样就可以随时输出地籍图和地价图。

另外，按层次进行图形信息存放，可以使操作变得简单。尤其是将多幅标准地籍图合并成一个区域（如一个街道）的地籍图时，图形显示，可以只显示必要的层次，从而节省显示时间，减轻图面的负荷。在处理信息量很大的图件时，分层存放的优点尤为明显。大比例尺数字测图系统都具有图形分层设置的功能，可由用户根据自己的需要，对所生成的地籍图进行图层设定和管理。

（5）图幅拼接　分区中各区域的集合组成整个测区，好比一张很大的整个测区的地图，由不同的图块组成。数字测图系统既可将多个分区合并成一个数据，也可由多个分区的数据生成某一标准分幅图。分幅图中的某一幅图，只是根据该幅图的坐标范围从所涉及到的测区图中裁剪下来的一块图。也就是说分幅图是根据分幅图坐标范围从某些区域图自动裁剪的结果。因此，数字法测图时，图幅之间的接边问题并不像模拟法测图那样，需要对接边的地物逐个检查、调整，这里的图幅接边误差是由裁减时的计算误差和绘图仪输出误差引起的，可以忽略不计。

（6）数字地籍图的精度和检查　数字地籍图的精度取决于原始资料的精度和资料输入与处理的精度；而原始资料的精度取决于地籍测量时细部点的测量精度。

资料输入和处理精度包括两个部分：一是设备的处理精度；二是人为的操作精度。对于目前较流行的设备和计算机，它们的精度相对于测量精度要高得多，一般情况下对制图精度影响极小，可以忽略不计；而操作精度又取决于信息的输入方式，对于电子手簿接口输入和图输入方式，除出现粗差外，操作精度较高。对于数字化仪或扫描矢量化输入方式，操作精度直接影响着数字地籍图的精度，它主要取决于数字化时的描点精度，与操作人员的工作态度和熟练程度关系较大。

在利用数字法测绘地籍图时，要严格进行检查，防止出现粗差。一般方法是通过计算机和绘图仪把数字地籍图在透明纸上绘出来，如果是野外实测的图，则应到实地对照检查；一方面是检查是否有测错或漏测；另一方面是用与测图时同样的方法重测一些明显的界址点和地物点，并进行坐标比较。同时还需用钢尺实地丈量一些边，与用坐标反算出的边长进行比较。如果是用已有地籍图数字化后得到的数字地籍图，则主要是与地籍原图或宗地草图进行比较，对于出现的粗差必须仔细进行修改。

5.3.1.4　利用 CASS7.0 编辑地籍图

CASS7.0 是我国南方测绘仪器公司研制的地形地籍成图软件，已在生产中得到广泛应用。下面重点介绍利用 CASS7.0 编辑地籍图的基本方法，具体步骤如下。

（1）绘制权属线　在 CASS7.0 中，"界址线"和"权属线"是同一个概念。首先需要绘制出地形平面图（方法与编辑地形图相同），然后绘制权属线来生成地籍图。绘制权属线有两种方法：直接绘制和自动绘制。

① 直接绘制　该法是直接在屏幕上用坐标定点方式手工绘制权属线。

a. 首先点击一级菜单"地籍"下的子菜单"绘制权属线"，则在下方命令行出现输入"第一点"提示。

b. 采用跟踪或对象捕捉的方式，依次输入各界址点；输入最后一个界址点后，在命令行输入"C"回车，则弹出如图 5-2 所示对话窗。

c. 在图 5-2 所示的窗口中，输入街道、街坊、宗地号、权利人和地类；然后点击"确定"，则在命令行出现"输入宗地号注记位置:"提示。

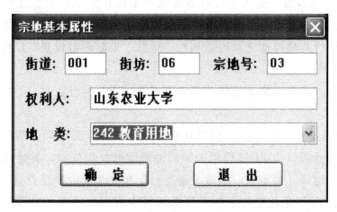

图 5-2　宗地基本属性输入

d. 在本宗地的中央位置点击鼠标左键，则在鼠标点击处显示宗地号、地类号和面积值，边长值显示在界址边上。

至此，一宗地的权属界线绘制完毕，宗地的属性信息立即加入到权属文件里。

② 自动绘制　该法是通过事前生成权属信息数据文件的方法来自动绘制权属线。权属信息数据文件生成方法主要有以下四种。

a. 权属合并　　权属合并需要用到两个文件：权属引导文件（＊.yd）和界址点数据文件（＊.dat）。

权属引导文件的格式：

宗地号，权利人，土地类别，界址点号，……，界址点号，E（一宗地结束）

宗地号，权利人，土地类别，界址点号，……，界址点号，E（一宗地结束）

E（文件结束）（E要求大写）

如：south.yd的格式

0010100001，天河中学，242，37，36，181，182，41，40，39，38，E

0010100002，广州购书中心，211，38，39，40，41，182，184，183，E

……

E

这时，权属信息数据文件south.qs已经生成，再使用"地籍\依权属文件绘权属图"命令绘出权属信息图。

b. 由图形生成权属　　在外业完成地籍调查和测量后，得到界址点坐标数据文件和宗地的权属信息；在内业时，可以用此功能完成权属信息文件的生成工作。

先用"绘图处理"下的"展野外测点点号"功能展出外业数据的点号，再选择"地籍\生成权属\由图形生成"项，依据命令区提示依次键入相应内容（详细操作步骤请参见CASS 7.0说明书4.1.2）。

权属信息数据文件生成之后，再使用"地籍\依权属文件绘权属图"命令绘出权属信息图。以上操作中采用的坐标定位，也可用点号定位。

c. 用复合线生成权属　　这种方法在一个宗地就是一栋建筑物的情况下特别好用，不然的话就需要先手工沿着权属线画出封闭复合线。

d. 用界址线生成权属　　适用于已有界址线再生成权属信息数据文件，一般是用在统计地籍报表的时候。权属信息数据文件生成之后，选择"地籍\依权属文件绘权属图"，绘制地籍图，在进行此项操作之前可以利用"地籍\地籍参数设置"功能对成图参数进行设置。

（2）图形编辑　　图形编辑包括修改界址点点号、重排界址点号、界址点圆圈修饰和界址点生成数据文件。

① 修改界址点点号　　CASS7.0中默认界址点号就是碎部点号，所以需要修改界址点号。用此功能之前，可以将ZDH图层关掉。地籍调查规程规定，界址点号采用在街坊内统一编号。选取"地籍"菜单下"修改界址点号"功能来修改界址点点号。

② 重排界址点号　　用此功能可批量修改界址点点号。选取"地籍"菜单下"重排界址点号"功能来重排界址点号。重排结束，屏幕提示排列结束，最大界址点号为××。可通过注记界址点点名\全图注记，将修改之后的界址点点名显示出来。如果界址点标注顺序发生了改变，比如原来地籍\地籍参数设置中界址点编号方向为顺时针，现在改成了逆时针，可通过注记界址点点名\删除注记，再选择注记界址点点名\全图注记，将变化之后的界址点点名显示出来。

③ 界址点圆圈修饰（剪切\消隐）　　用此功能可一次性将全部界址点圆圈内的权属

线切断或消隐。

选取"地籍 \ 界址点圆圈修饰 \ 剪切"功能。屏幕在闪烁片刻后即可发现所有的界址点圆圈内的界址线都被剪切，由于执行本功能后所有权属线被打断，所以其他操作可能无法正常进行，因此建议此步操作在成图的最后一步进行，而且，执行本操作后将图形另存为其他文件名或不要存盘。一般来说，在出图前执行此功能。

选取"地籍 \ 界址点圆圈修饰 \ 消隐"功能。屏幕在闪烁片刻即可发现所有的界址点圆圈内的界址线都被消隐，消隐后所有界址线仍然是一个整体，移屏时可以看到圆圈内的界址线。

④ 界址点生成数据文件　用此功能可一次性将全部界址点的坐标读出来，写入坐标数据文件中。选取"地籍成图"菜单下"界址点生成数据文件"功能。

（3）宗地属性处理

① 宗地合并　宗地合并每次将两宗地合为一宗。选取"地籍成图"菜单下"宗地合并"功能来完成宗地的合并，宗地合并后，两宗地的公共边被删除，宗地属性为第一宗地的属性。

② 宗地分割　宗地分割每次将一宗地分割为两宗地。执行此项工作前必须先将分割线用复合线画出来。选取"地籍"菜单下"宗地分割"功能来完成宗地的分割。宗地分割后，原来的宗地分为两宗，但此时属性与原宗地相同，需要进一步修改其属性。

5.3.2　数字摄影测量成图

（1）数字摄影测量方法可用于所有比例尺地籍图的测绘。如果要求界址点精度符合表5-2 的规定，则界址点坐标应采用解析法施测。

（2）根据相关规定的内容外业调绘地形要素。

（3）将解析法测量的界址点坐标文件导入数字摄影测量系统，解析界址点与数字摄影测量的地物点实地为同一位置时，应以解析界址点坐标代替地物点坐标。根据工作底图、土地权属调查成果和地形要素调绘成果，对相关规定的内容和表示方法等进行编辑处理生成地籍图。地籍图的数据内容、数据质量、数据分层、要素代码等应符合数据库建设的要求。

（4）正射影像制作、野外调绘、相片控制以及数字摄影测量的据图技术要求应根据测图比例尺，按照《地形图航空摄影测量内业规范》（GB/T 7930、GB/T 12340、GB/T 13990）、《地形图航空摄影测量外业规范》（GB/T 7931、GB/T 12341、GB/T 13977）和《地形图航空摄影测量数字化测图规范》（GB/T 15967）等标准执行。

5.3.3　编绘法成图

（1）首先进行工作底图选择和制作。需满足以下要求。

① 工作底图比例尺宜与测绘制作的地籍图成图比例尺一致。

② 工作底图的坐标系统宜与测绘制作的地籍图成图的坐标系统一致。

③ 已有土地利用现状图和地籍图等图件可作为调查工作底图。

④ 已有地形图和航空航天正射影像图等图件可作为调查工作底图。

⑤ 无图件的地区，在地籍子区范围内绘制所有宗地的位置关系图形成调查工作底图。

⑥ 工作底图上应标绘地籍区和地籍子区界线。

⑦ 除⑤外，工作底图都应该是数字化的，并输出一份纸质的工作底图用于土地权属调查和地形要素的调绘或修补测。

（2）以工作底图为基础，可采用全野外数字测量方法修补测地形要素，也可采用数字摄影测量方法修补测地形要素。

（3）对需要满足表 5-2 规定的界址点应采用解析法测量其坐标。

（4）在工作底图上，根据宗地草图的丈量数据、解析界址点坐标和修补测的地形要素，按照相关规定的内容和表示方法进行编辑处理生成地籍图。地籍图的数据内容、数据质量、数据分层、要素代码应符合数据库建设的要求。

（5）以数字正射影像为基础，依据土地权属调查成果编绘地籍图。

5.4 宗地图的绘制

宗地图是描述宗地位置、界址点、界址线和相邻宗地关系的图件。它是在地籍测绘工作的后阶段，对界址点坐标进行检核后，确认准确无误，并且其他的地籍资料也正确收集完毕的情况下，依照一定的比例尺制作成的反映宗地实际位置和有关情况的一种图件。

宗地图和分幅地籍图是宗地现状的直观描述。宗地图是以宗地为单位编绘的地籍图，分幅地籍图是以地图标准分幅为单位编绘的地籍图。宗地图与地籍图上的内容必须统一。

宗地图是土地证书的附图，通过具有法律手续的土地登记过程的认可，是土地所有者或使用者持有的具有法律效力的图件凭证，是处理土地权属问题时具有法律效力的图件。

5.4.1 宗地图的内容

如图 5-3 所示，宗地图主要包括以下内容。

（1）宗地所在图幅号、宗地代码。

（2）宗地权利人名称、面积及地类号。

（3）本宗地界址点、界址点号、界址线、界址边长。

（4）宗地内的图斑界线、建筑物、构筑物及宗地外紧靠界址点线的附着物。

（5）邻宗地的宗地号及相邻宗地间的界址分隔线。

（6）相邻宗地权利人、道路、街巷名称。

（7）指北方向和比例尺。

（8）宗地图的绘图员、绘图日期、审核员、审核日期等。

5.4.2 宗地图的特点

（1）宗地图是地籍图的一种附图，是地籍资料的一部分。

（2）图中数据都是实量或实测得到的，精度高且可靠。

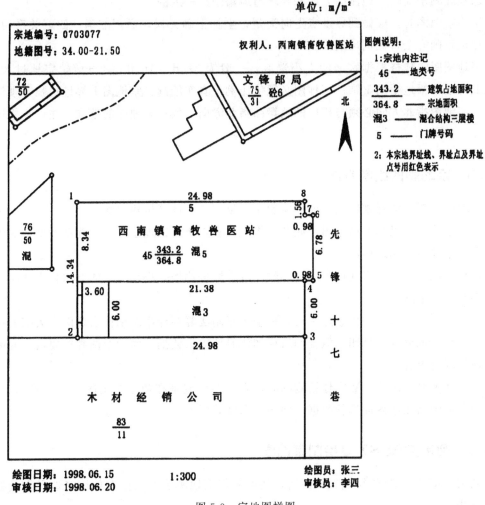

单位：m/m²

图 5-3　宗地图样图

（3）其图形与实地有严密的数学相似关系。

（4）相邻宗地图可以拼接。

（5）标识符齐全，人工和计算机都可以方便地对其进行管理。

5.4.3　宗地图的作用

（1）宗地图是土地证上的附图，它通过具有法律手续的土地登记过程的认可，从法律上保证土地所有者或使用者对土地的拥有权或使用权。宗地草图不能做到这一点。

（2）是处理土地权属问题的具有法律效力的图件，比宗地草图更能说明问题。

（3）在日常地籍测绘中通过对这些数据的检核与修改，较快地完成地块的分割与合并等工作，直观地反映了宗地变更的相互关系，也便于日常地籍管理。

5.4.4　宗地图绘制的技术要求

宗地图是在分幅地籍图的基础上编制而成，当没有建立基本地籍图的成果资料时，也可按宗地施测宗地图。施测的方法和要求与地籍图是一致的。

编绘宗地图时，应做到界址点走向清楚，坐标正确无误，面积准确，四至关系明确，各项注记正确齐全，比例尺适当。

宗地图图幅规格根据宗地的大小选取，一般为 32 开、16 开、8 开等，宗地过大时，原则上可按分幅地籍图整饰；宗地图必须依比例尺真实绘制；宗地图上界址边长必须注记齐全；宗地图指北方向必须与相应的地籍图指北方向一致；宗地图的整饰、注记规格同地籍图。

5.4.5 宗地图的绘制方法

宗地图绘制方法有蒙绘法、缩放绘制法、复制法、计算机输出法。

（1）蒙绘法　以基本地籍图作底图，将薄膜蒙在所需宗地位置上，逐项准确地透绘所需要素，整饰后制作宗地图。

（2）缩放绘制法　宗地过大或过小时，可采取按比例缩小或放大的方法，先透绘后整饰，再制作宗地图。

（3）复制法　宗地的信息过多时，可采用复制法复制地籍图制作宗地图。大宗地可缩小复印，小宗地可放大复印，但复印后须加注界址边长数据、面积及图廓等要素，并删除邻宗地的部分内容。

（4）计算机输出法　数字地籍测图时，宗地图生成是在数字法测图系统中自动生成，生成的宗地图须加注界址边长数据、面积及图廓等要素。

5.4.6 利用 CASS7.0 绘制宗地图

利用 CASS7.0 软件绘制地籍图后，便可制作宗地图了。具体有单块宗地和批量处理两种方法。

（1）单块宗地绘制宗地图　该方法需用鼠标划出绘制范围，一次只能绘制一个宗地图。具体操作方法如下。

① 点击"地籍 \ 绘制宗地图框 \ A4 竖 \ 单块宗地"，则在命令行显示"用鼠标器指定宗地图范围：第一角点"提示，然后在适当位置用鼠标点击宗地外的左下角，出现选择框，拖动鼠标框选整个宗地，点击鼠标左键，出现如图 5-4 所示的提示窗。

② 在图 5-4 中，选择"手工输入"后点击"确定"，则在命令行出现"请输入宗地图比例尺分母＝1："提示。根据宗地面积大小输入适宜的比例尺分母值，如 1000 回车，则在命令行出现"用鼠标器制定宗地图框的定位点："提示。然后在宗地图范围外的电脑显示器屏幕适当空白位置，点击鼠标左键，则绘出了宗地图。

③ 自动绘制或手工绘制的宗地图，界址点坐标表都在宗地图框的外面，如果太大，需要点击"编辑 \ 比例缩放"，通过选择对象、指定基点、输入比例因子操作，将其适当缩小，再移动到宗地图框的左上角。然后再对本宗地权利人、四至名称等进行标注和编辑，修饰界址点圆圈（剪切 \ 消隐）。

（2）批量处理绘制宗地图　该方法可批量绘出多宗宗地图。选择"地籍 \ 绘制宗地图

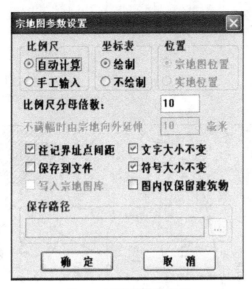

图 5-4　宗地参数设置窗

框 \ A4 竖 \ 批量处理"，绘制多幅宗地图。多幅宗地图画好之后，如果要将宗地图保存到文件，则在所设目录中生成若干个以宗地号命名的宗地图形文件，而且可以选择按实地坐标保存。另外，还要对批量绘制的宗地图进行编辑修改，标注必要的地籍信息。

5.5　农村居民地地籍图测绘

农村居民地是指建制镇（乡）以下的农村居民地住宅区及乡村集镇。由于农村地区采用 1∶5000、1∶10000 较小比例尺测绘分幅地籍图（也称土地所有权图），如图 5-5 所示，因而地籍图上无法表示出居民地的细部位置，不便于村民宅基地的土地使用权管理，故需要测绘大比例尺农村居民地地籍图，用作农村地籍图的加细与补充，是农村地籍图的附图，以满足地籍管理工作的需要。

农村居民地地籍图的范围轮廓线应与农村地籍图（或土地利用现状图）上所标绘的居民地地块界线一致。农村居民地地籍图采用自由分幅以岛图形式编绘，如图 5-6 所示。

城乡结合部或经济发达地区的农村居民地地籍图一般采用 1∶1000 或 1∶2000 比例尺，按城镇地籍图测绘方法和要求测绘。急用图时，也可采用航摄像片放大，编制任意比例尺农村居民地地籍图。

居民地内权属单元的划分、权属调查、土地利用类别、房屋建筑情况的调查与城镇地籍测量相同。

农村居民地地籍图的编号应与农村地籍图（或土地利用现状图）中该居民地的地块号一致，居民地集体土地使用权宗地编号按居民地的自然走向 1，2，3，…顺序进行编号。居民地内的其他公共设施，如球场、道路、水塘等，不作编号。

农村居民地地籍图表示的内容一般包括以下内容。

（1）自然村居民地范围轮廓线、居民地名称、居民地所在的乡（镇）、村名称，居民地所在农村地籍图的图号和地块号。

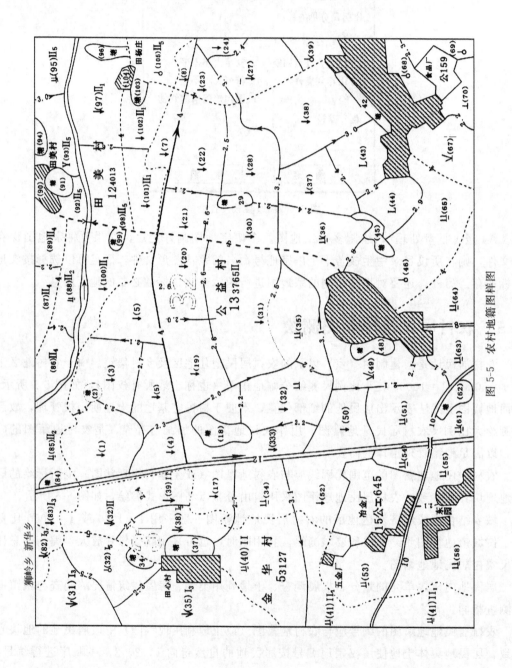

图 5-5. 农村地籍图样图

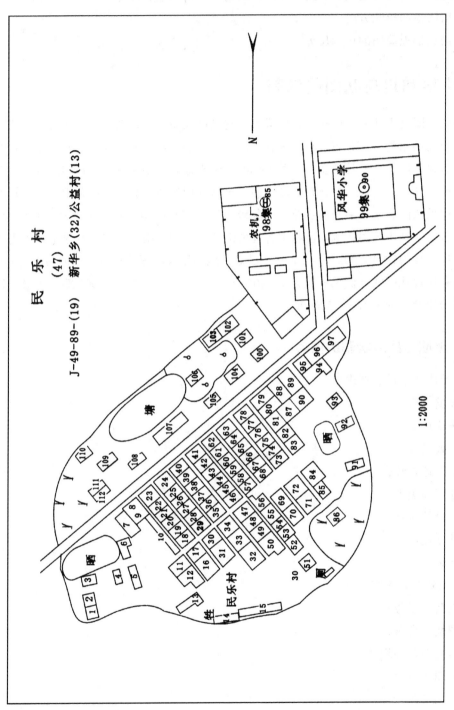

图 5-6 农村居民地地籍图样图

（2）集体土地使用权宗地的界线、编号、房屋建筑结构和层数，利用类别和面积。

（3）作为权属界线的围墙、垣栅、篱笆、铁丝网等线状地物。

（4）居民地内公共设施、道路、球场、晒场、水塘和地类界等。

（5）居民地的指北方向。

（6）居民地地籍图的比例尺等。

5.6　土地利用现状图的编制

土地利用图是土地调查的一项重要成果，它是以地图形式，全面地、系统地反映本行政辖区的土地利用类型、分布、利用现状，以及与自然、社会经济等要素的相互关系的专题地图。土地利用图有两种类型：一种为标准分幅土地利用现状图，是基础图件，与调查底图比例尺相同；另一种为按行政区域编制的土地利用挂图。县级土地利用挂图以标准分幅土地利用现状图为基础编制，县级以上各级土地利用挂图由下一级土地利用挂图编制。各级行政区土地利用挂图比例尺应根据各地的形状、面积、幅面确定。乡级土地利用现状图的比例尺一般为1∶10000或1∶25000；县级土地利用现状图的比例尺一般为1∶50000；市级土地利用现状图的比例尺一般为1∶100000、1∶150000、1∶200000等；省级土地利用现状图的比例尺一般为1∶500000。

5.6.1　土地利用现状图的内容

（1）图内要素内容要求

① 地类图斑；

② 线状地物；

③ 行政界线；

④ 地形地貌线；

⑤ 地形地貌点；

⑥ 测量控制点；

⑦ 独立地物；

⑧ 注记。

（2）图外要素内容要求

① 图名、图号；

② 图幅接合表；

③ 坐标系及高程系；

④ 成图比例尺；

⑤ 制图单位全称；

⑥ 说明（含调绘时间、制图时间）；

⑦ 辅助说明；

⑧ 图例。

5.6.2　土地利用现状图编绘的基本要求

（1）全面反映制图区域内的土地利用现状、分布规律、利用特点和各要素间的相互关系。

（2）体现土地调查成果的科学性、完整性、实用性和现势性。

（3）土地利用现状分类按《第二次全国土地调查技术规程》（TD/T 1014—2007）执行。地类图斑应有统一的选取指标，定性、定位正确。

（4）广泛收集现势资料，对新增重要地物，要根据有关资料进行修编，提高图件的现势性。

（5）在土地调查数据库基础上，采用人机交互编制，形成数字化成果。

（6）内容的选取和表示要层次分明，符号、注记等正确，清晰易读。

5.6.3　土地利用现状图编绘的方法

标准分幅图图面各要素的颜色、图案、线型等表示的形式及范例，参见《土地利用数据库标准》。分乡图、全县土地利用图和数据采集过程中输出的检查用图，其输出格式可参考规程要求输出。各地区可根据实地情况制定图件编制细则，但编绘方法基本相同，主要步骤如下。

（1）缩小拼接　将下一比例尺标准分幅土地利用现状图缩小、拼接逐级制作标准分幅的土地利用现状图。

（2）综合取舍　综合取舍的原则是，上图图斑应与调查图斑的地类面积比例保持一致，形状相似；道路、河流等应成网状，充分反映不同地区分布密度的对比关系及通行状况。

① 图斑最小上图指标　城镇村及工矿用地为 $2\sim4mm^2$，耕地、园地及其他农用地为 $4\sim6mm^2$；林地、草地等为 $10\sim15mm^2$。小于上图指标的一般舍去，或在同一级类内合并。对特殊地区的重要地类，如深山区中的耕地、园地等，可适当缩小上图指标。

② 道路选取　铁路、乡（含）以上公路应全部选择；平原中的农村道路可适当选取；丘陵、山区的小路应全部选取。对土地调查中以图斑表示的交通用地，按《规程》中相应的图式图例符号表示。

③ 河流沟渠选取　河流应全部选取，沟渠可适当选取。

④ 水库、湖泊、坑塘选取　水库、湖泊应全部选取，图上坑塘面积大于 $1mm^2$ 的一般应选取；坑塘密集区，可适当取舍，但只能取或舍，不能合并。

⑤ 岛屿选取　图上岛屿面积大于 $1mm^2$ 的依比例尺（形似）表示，小于 $1mm^2$ 的用点状符号表示。

⑥ 行政界　省、市、县、乡、村各级行政界，自上而下依次透绘。线段长短、粗细、间隔均按《规程》要求。行政界相交时，做到实线相交，相邻行政界值绘出 2～3 节。飞地权属界按其他类用相应符号表示。

⑦ 注记　对居民点，路、渠、江、河、湖、水库等有正式名称的应注记名称。

⑧ 对图上的保密内容须作技术处理，以防失密。

（3）主要整饰内容　经过综合取舍确定图上表达的内容后，需要进行图的整饰，除线型、字体、符号等表达规范外，还要注意以下方面。

① 图名　统一采用"××县土地利用图"、"××市土地利用图"、"××省土地利用图"名称，配置于北图廓正中处。

② 比例尺　统一采用数字比例尺，配置于南图廓正中处。

③"内部用图，注意保存"字样，配置于北图廓右上角。

④ 图廓四角　经纬网注记经纬度坐标。

⑤ 编制单位　"××县国土资源局"等，配置于西图廓左下角。

⑥ 图示图例可根据辖区形状合理配置。

⑦ 土地调查截止期、成图时间及说明配置于南图廓左下角。

（4）图的线宽要求

① 图廓线及公里格网线　内图廓线、经纬线、公里网线。附图图廓线粗 0.15mm，外图廓线粗 1.0mm，图内公里网线长 1cm、粗 0.1mm。其精度要求：图廓线边长误差 ±0.1mm，对角线边长误差 ±0.3mm，公里网连线误差 ±0.1mm。

② 居民地　居民地外围线用 0.1mm 实线表示。图形内，根据需要可用粗 0.1mm 线条与南图廓线呈 45°角加绘晕线，线隔 0.8mm。

③ 地类界　以 0.2mm 实线表示。

（5）检查验收　土地利用现状图在整饰完成后，要对照底图全面进行自检、互检，再交作业组、专业队审核。对检查出的问题进行修改，最后提交验收。验收合格后，再进行复制、着色。限于条件，一般不采用线画套印。

5.7　地籍调查的成果整理

5.7.1　一般规定

（1）国土资源主管部门应建立地籍调查档案管理制度，明确地籍调查档案整理、归档、管理和使用。

（2）在地籍调查工作结束后，应该对成果资料进行整理归档。

5.7.2　成果资料分类

（1）按照介质分　地籍调查成果应该包括纸质等实物资料和电子数据。

（2）按照类型分　地籍调查成果包括文字、图件、簿册和电子数据等。

① 文字资料　包括工作方案、技术方案、工作报告、技术报告等。

② 图件资料　包括地籍工作底图、地籍图、宗地图等。

③ 簿册资料　包括地籍调查外业记录手簿、地籍控制测量原始记录与平差资料、地籍测量原始记录、地籍调查表册、各级质量控制检查记录资料等。

④ 电子数据　包括地籍数据库、数字地籍图、数字宗地图、影像数据、电子表格数

据、文本数据、界址点坐标数据、土地分类面积统计汇总数据等。

5.7.3 成果整理归档

（1）成果资料整理应查核资料是否齐全、是否符合要求，凡发现资料不全、不符合要求的，应进行补充修正。

（2）成果资料应按照统一的规格、要求进行整理、立卷、组卷、编目、归档等。具体方法请参见 9.3 节内容，不再赘述。

1. 地籍图根据其内容、用途、表达形式不同有哪些分类？

2. 地籍图比例尺的选择依据？

3. 城镇地籍、农村地籍图如何分幅编号？

4. 地籍图的内容包括哪些方面？

5. 界址点的测量方法有几种？各有什么特点？

6. 界址点的精度要求如何？

7. 各种解析法的适应范围是什么？

8. 地籍图成图方法有哪些？

9. 全野外地籍成图方法包括哪些步骤？

10. 利用 CASS7.0 软件编辑地籍图的主要步骤有哪些？

11. 宗地图与宗地草图有什么不同？

12. 宗地图包括哪些内容？

13. 宗地图的特点和作用是什么？

14. 利用 CASS7.0 软件绘制宗地图的主要步骤是什么？

15. 什么是土地利用图？它包括哪两种类型？

16. 土地利用现状图包括哪些内容？

17. 如何编制土地利用现状图？

18. 地籍调查成果包括哪些资料？

第6章 面积量算与面积统计

面积量算与面积统计是地籍测量中一项必不可少的工作内容，目的在于取得各级行政单位、权属单位的土地总面积和分类土地面积的数据资料。本章主要介绍面积量算的基本方法、精度要求和面积平差方法以及面积量算的程序和面积汇总统计等。

6.1 面积量算概述

6.1.1 面积量算方法分类

面积量算包括县级行政辖区面积、乡级行政辖区面积、行政村面积、地籍区面积、地籍子区面积、宗地面积、地类图斑面积等。概括起来，面积量算的方法，通常分为解析法和图解法。

根据实测的数据计算面积的方法称为解析法面积量算。包括几何图形法和坐标解析法，这两种方法面积量算精度较高，是城镇地区普遍采取的面积量算的方法。

从图纸上量算面积的方法称为图解法面积量算。包括几何要素法、图解坐标法、膜片法、求积仪法、沙维奇法等。图解法面积量算可以很快得到图形的面积，没有复杂的计算，但面积量算的精度比解析法低，目前此法主要用于农村地区土地利用现状调查的面积量算。

6.1.2 面积量算的基本要求

面积量算在地籍测量的基础上进行。依据界址点坐标、边长等解析数据和地籍原图，选择适宜的方法求算面积。面积量算也要按照"从整体到局部，层层控制，分级量算，块块检核、逐级按比例平差"的原则，即以图幅理论面积为基本控制，按图幅分级测算，依面积大小比例平差的原则，以杜绝错误，提高精度。

在城镇地籍中通常以平方米为面积量算的基本单位，大面积可用公顷或平方公里，其中共用宗地内各权属者的土地面积，按各权属者的建筑面积依比例计算；农村地籍中常以亩和公顷为基本单位。

6.2 面积量算的基本方法

6.2.1 几何要素法

几何要素法是指将多边形地块划分成若干个简单的几何图形，如三角形、梯形、四边形、矩形等，在实地勘丈或在图上测量边长和角度，根据面积计算公式，计算出各简单几何图形的面积，再计算出多边形地块总面积的方法。所以几何要素法可应用于解析法和图解法量算面积。

（1）三角形法　如图 6-1 所示，三角形面积计算公式为：

$$P = \frac{1}{2}ch = \frac{1}{2}bc\sin A = \sqrt{p(p-a)(p-b)(p-c)} \tag{6-1}$$

式中，$p = (a+b+c)/2$。

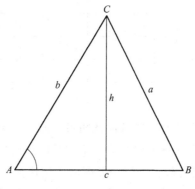

图 6-1　三角形面积

（2）四边形法　如图 6-2 所示，四边形面积计算公式为：

$$P = \frac{1}{2}(ad\sin A + bc\sin C) = \frac{1}{2}d_1 d_2 \sin\varphi \tag{6-2}$$

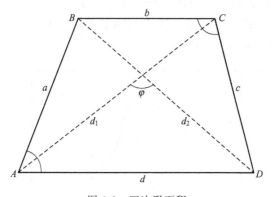

图 6-2　四边形面积

由于在实地测量时，不易判断多边形就是严格的矩形、正方形或梯形，所以一般将多边形地块划分成若干个三角形来计算面积。

6.2.2　膜片法

量算由不规则曲线围成图斑的面积，几何要素法则不适用，而需要采用膜片法。膜片法是指在伸缩性较小的透明膜片上绘制等间隔的方格网、格点或平行线，把膜片放在地图上适当的位置进行面积量算的方法。其中，方格法和网点板法较为常用。

（1）方格法（格网法）　在透明膜片上刻有相互垂直的平行线，平行线间的间距为

1mm 或 5mm，则每一个方格是面积为 1mm²、25mm² 的正方形。如图 6-3 所示。

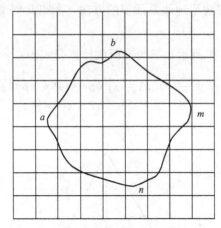

图 6-3　方格法

使用时，首先把绘有方格网的透明纸或透明膜片放在待量面积的图形上，并将其位置固定，然后，数出图形内包含的整方格个数，不完整的小格即破格，用目估的方法估读到 0.1 格，累计出图形所占方格总数，最后按照图的比例尺换算成实地面积。

方格法简单易行，但其面积量算精度受图纸变形、方格绘制不准确、不完整方格的估读误差的影响，计算方格也较为费工，所以常用于边缘为曲线的较小图斑的算量，图上面积一般不超过 10cm²。

（2）网点板法（格点法）　从方格法发展而来，将上述方格网的每个交点绘成 0.1mm 或 0.2mm 直径的圆点，去掉互相垂直的平行线，则每一个格点代表一个方格面积。若格点行、列间距为 1mm，则点值（每点代表的图上面积）是 1mm²；若相邻点的间距为 2mm，则点值是 4mm²。如图 6-4 所示。

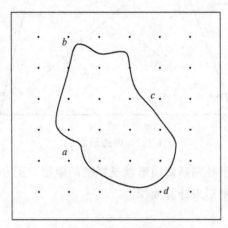

图 6-4　网点板法

在图 6-4 中，abcd 为待测的图形，将网点板放在图上数出图内与图边线上的点，按下列公式可求出图形面积。

多边形总的点数：$N = n + m/2 - 1$

多边形面积：$A = NC$

式中，n 为图形内的点数；m 为图形轮廓线上的点数；C 为点值，即一格代表的面积。

上图中 $n=11$，$m=2$，则 $N=11$；设格点行列间距为 1mm，图的比例尺为 1：2000，则一点所代表的实地面积为 $C=4\text{m}^2$，多边形 $abcd$ 的实际面积为：$A=NC=11\times4=44(\text{m}^2)$。

量算面积时，将网点板贴于待量测的图形上，调整网点板的位置，使落在图形边界上的点数最少，将网点板位置固定，防止移动。读数 m、n，计算出 N，依点值及比例尺换算成实地一格之面积 C，按 $A=CN$ 计算面积。变动网点板位置，作第二次量算。两次之差应符合本章第四节所述的规定。

与方格法相比，网点板法不必估读，因此较为方便，但一般认为其精度不如方格法，适用于 10cm^2 以下的曲边图形面积算量。

方格法和网点板法方便、灵活，但计数格点和数方格时很烦琐、单调，易于疲劳产生差错。

6.2.3　求积仪法

不规则曲边图形的面积量算也可采用求积仪，它是一种以地图为对象测算土地面积的仪器。最早使用的是机械求积仪，由于科技的进步，近几年来研制出多种数字式求积仪，如数字求积仪、光电求积仪等。由于数字地籍测量的发展，求积仪不再常用，其使用方法可参阅较早版本的测量学书籍，在此不再赘述。

6.2.4　沙维奇法

运用求积仪进行较大面积量测时，为了提高精度，消除图纸变形、求积仪机械误差及读数误差等，常采用沙维奇法。沙维奇法适用于大面积的测算，其原理如图 6-5 所示。在所量算的图形中，凡构成坐标方格网整数部分面积 P_0 不需量测，只需测定整格以外的零散部分，如 P_{a1}、P_{a2}、P_{a3}、P_{a4} 的面积，以及与零散部分相邻而构成整格的各补充部分 P_{b1}、P_{b2}、P_{b3}、P_{b4} 的面积，并以整方格面积控制这两部分的面积。其优点在于消除了前述所述各种误差的影响，并将误差值按图形面积成比例进行配赋，因而提高了面积量算的精度。

坐标方格网整数部分 P_0 不量测，用求积仪测定整格以外的零散部分 P_{a1}、P_{a2}、P_{a3}、P_{a4} 的面积，读数分别为 a_1、a_2、a_3、a_4 和与零散部分相邻而构成整格的各补充部分 P_{b1}、P_{b2}、P_{b3}、P_{b4} 的面积，读数分别为 b_1、b_2、b_3、b_4，整格面积的实际量算分划数为 a_1+b_1，a_2+b_2，a_3+b_3，a_4+b_4。

已知面积与求积仪分划值读数之间有下列正比关系。

$$\frac{P_{a_i}}{a_i}=\frac{P_i}{a_i+b_i}\tag{6-3}$$

式中，P_i 为 P_{ai}、P_{bi} 构成的方格理论面积值。所以有：

$$P_{a_i}=\frac{P_i}{a_i+b_i}a_i\tag{6-4}$$

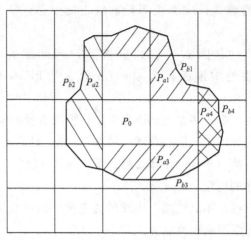

图 6-5 沙维奇法

用式（6-4）可计算出不足整格部分的面积，所求图形的面积为：

$$P = P_0 + P_{a1} + P_{a2} + P_{a3} + P_{a4} = P_0 + \sum_{i=1}^{n} P_{ai} \tag{6-5}$$

6.2.5 坐标法

通常一个地块的形状是一个任意多边形，其范围内可以是一个街道的土地，也可以是一个宗地或特定的地块。坐标法是指利用地块边界的拐点坐标计算地块面积的方法。

按坐标获取的方式不同，坐标法分坐标解析法和图解坐标法。坐标解析法，其坐标是依角度和距离的测量结果解算来的。若将地形图通过扫描、定位、矢量化，然后利用专业应用软件（如 Mapinfo、AutoCAD、南方 CASS 等）来进行求测，其原理也是解析法。若由图上量取的坐标计算面积，则称图解坐标法。用坐标法计算的地块面积的精度取决于于坐标的精度。

当地块很不规则，甚至某些地段为曲线时，可以增加拐点，测量其坐标。曲线上加密点越多，就越接近曲线，计算出的面积越接近实际面积。

如图 6-6，有多边形 $ABCDE$，各顶点坐标分别为 A $(x_A，y_A)$，B $(x_B，y_B)$，…，E $(x_E，y_E)$，现求其面积。

画出坐标轴 ox 及 oy，将多边形各顶点垂直投影到 oy 轴，得 a、b、c、d、e 诸点。显然 $x_A=aA$，$y_A=oa$，$x_B=bB$，$y_B=ob$，…，$x_E=eE$，$y_E=oe$。

从图 6-6 可以看出，多边形 $ABCDE$ 的面积可由各梯形面积得来，即：

$$ABCDE \text{ 面积} = \text{梯形 } AabB \text{ 面积} + \text{梯形 } BbcC \text{ 面积} + \text{梯形 } CcdD \text{ 面积}$$
$$- \text{梯形 } AaeE \text{ 面积} - \text{梯形 } EedD \text{ 面积}$$

梯形 $AabB$ 面积$=(aA+bB)\times ab/2=(x_A+x_B)(y_B-y_A)/2$

梯形 $BbcC$ 面积$=(bB+cC)\times bc/2=(x_B+x_C)(y_C-y_B)/2$

梯形 $CcdD$ 面积$=(cC+dD)\times cd/2=(x_D+x_C)(y_D-y_C)/2$

梯形 $EedD$ 面积$=(eE+dD)\times ed/2=(x_D+x_E)(y_D-y_E)/2$

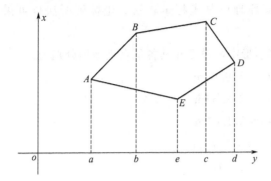

图 6-6　坐标法面积计算图示

梯形 $EeaA$ 面积＝$(eE+aA)\times ea/2=(x_A+x_E)(y_E-y_A)/2$

所以 $ABCDE$ 面积为：

$$P_{ABCDE}=[(x_A+x_B)(y_B-y_A)+(x_B+x_C)(y_C-y_B)+(x_C+x_D)(y_D-y_C)-$$
$$(x_A+x_E)(y_E-y_A)-(x_E+x_D)(y_D-y_E)]/2$$

依 x_i 集项可得：

$$P_{ABCDE}=[x_A(y_B-y_E)+x_B(y_C-y_A)+x_C(y_D-y_B)+$$
$$x_D(y_E-y_C)+x_E(y_A-y_D)]/2$$

扩展到一般情况，如多边形顶点按顺时针编号为 $1,2,\cdots,n$，则多边形面积为：

$$P=\frac{1}{2}\sum_{i=1}^{n}X_i(Y_{i+1}-Y_{i-1}) \tag{6-6}$$

如按 y_i 集项可得到：

$$P=\frac{1}{2}\sum_{i=1}^{n}Y_i(X_{i-1}-X_{i+1}) \tag{6-7}$$

式中，P 为地块面积；X_i、Y_i 为地块拐点坐标；n 为地块界址点个数。当 $i-1=0$ 时，则令 $X_0=X_n$；当 $i+1=n+1$ 时，则令 $X_{n+1}=X_1$。式(6-6)和式(6-7)便是坐标解析法计算面积的公式。可以使用 BASIC 等计算语言或可编程的计算器计算，按两个公式各计算一次，以互相校核。

用坐标解析法计算多边形的面积，只包含测量的点位误差，不包含绘图及量图的误差，也没有图形割补等误差，因而精度较高，可以作为图解法量算面积的控制。

坐标解析法计算面积，其精度与点位坐标的精度有关，同时也和多边形的形状有关。图形越接近正多边形越好；反之，图形越狭长，面积中误差也越大。

面积量算方法的选择主要由面积量算的精度要求决定，同时考虑所算地块面积的大小和仪器设备条件。解析法精度高于图解法的精度，沙维奇法精度高于求积仪法精度，求积仪法精度高于膜片法精度。当地块面积太小不适于用求积仪法时，采用膜片法较为有效。总之，各种面积量算方法都有其自身的特点及适用范围，在实际工作中可灵活选择。

需要说明的是，在数字地籍图上量算面积的方法比较简单，一个封闭的图形无论是规则的还是不规则的，在 CASS 软件"工程应用"菜单下，单击"查询实体面积"，然后再单击图形边界线，即可在下方命令行显示图形面积数据。而在宗地图绘制时，一个宗地的面积是自动计算的, 其原理就是坐标解析法。坐标解析法也可采用 Excel 表功能计算面积。

例如, 在图 6-6 多边形中, 设已知其各顶点之坐标分别为:

$x_A = 215.42\text{m}$, $y_A = 176.64\text{m}$

$x_B = 403.21\text{m}$, $y_B = 243.53\text{m}$

$x_C = 312.37\text{m}$, $y_C = 371.01\text{m}$

$x_D = 140.95\text{m}$, $y_D = 453.78\text{m}$

$x_E = 63.81\text{m}$, $y_E = 312.91\text{m}$

按表 6-1 的 Excel 表格式计算 $ABCDE$ 的面积。

首先, 将各点点号依次填入表 6-1 的第 1 栏。起始点可任选, 次序依顺时针方向。为便于计算, 始、末两点重复填写, 如本例中的 A、E。然后将各点的坐标填入第 2 栏和第 5 栏的相应位置。再计算隔点坐标差。为了乘积运算方便, $y_{i+1} - y_{i-1}$ 放在第 3 栏, $x_{i-1} - x_{i+1}$ 放在第 6 栏。第 4、7 栏为乘积。用 $\sum(x_{i-1} - x_{i+1}) = 0$, $\sum(y_{i+1} - y_{i-1}) = 0$ 和 $\sum Y_i(X_{i-1} - X_{i+1}) = \sum X_i(Y_{i+1} - Y_{i-1})$ 检核计算。

表 6-1　坐标解析法计算多边形面积

点号	x_i /m	$y_{i+1} - y_{i-1}$ /m	$x_i(y_{i+1} - y_{i-1})$ /m²	y_i /m	$x_{i-1} - x_{i+1}$ /m	$y_i(x_{i-1} - x_{i+1})$ /m²
1	2	3	4	5	6	7
E	63.81			312.91		
A	215.42	−69.38	−14945.84	176.64	−339.40	−59951.62
B	403.21	194.37	78371.93	243.53	−96.95	−23610.23
C	312.37	210.25	65675.79	371.01	262.26	97301.08
D	140.95	−58.10	−8189.19	453.78	248.56	112791.56
E	63.81	−277.14	−17684.30	312.91	−74.47	−23302.41
A	215.42			176.64		
		$\sum = 0$	$\sum = 103228.4$		$\sum = 0$	$\sum = 103228.4$
			$S_1 = 51614.2$			$S_2 = 51614.2$

6.3　量算面积的改正

6.3.1　量算面积的图纸变形改正

前述各种面积量算方法, 除解析法外, 均需考虑图纸的伸缩变形, 求出变形系数, 将量算结果加以改正。设 L_0 为相应的实地水平距离的图上长度, L 为图纸变形后量得的直线长度, γ 为变形系数, 则有 $\gamma = (L_0 - L)/L$。一幅图需测定多处, 取平均值用作本图幅的变形改正。改正后的面积为:

$$P_0 = P(1 + 2r) \tag{6-8}$$

式中, P 为量测面积; P_0 为改正后的面积。改正工作应在面积闭合差计算之前进行。

　　另外，有时需要计算真实的地表面积，这就要作倾斜改正和高差改正。

6.3.2　量算面积的倾斜改正

　　如图 6-7 所示，由于量算面积 P_0 为水平投影后面积，真实面积 P_a 为倾斜面积。设 P_a 为自然地表倾斜面的面积，P_0 为 P_a 所对应的水平面积，其倾斜角为 α（单位为 rad），则：

$$P_a = b \times L_a = b \times \frac{L}{\cos\alpha} = \frac{P_0}{\cos\alpha}$$

$$\cos\alpha = 1 - \frac{\alpha^2}{2!} + \frac{\alpha^4}{4!} - \cdots$$

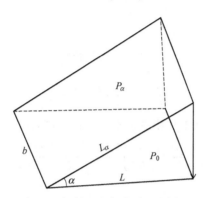

图 6-7　倾斜面积与水平面积图示

　　式中 α 为弧度，取前两项，可得近似公式为：

$$P_a \approx \frac{P_0}{1 - \alpha^2/2} \approx P_0\left(1 + \frac{\alpha^2}{2}\right) \tag{6-9}$$

　　式中，$\alpha^2/2$ 为倾斜自然地表面图形面积的改正系数。用不同的 α（弧度），则可算出倾角的大小对面积的影响情况，如表 6-2 所示。

表 6-2　不同倾斜角对面积的影响

α	$\alpha^2/2$	α	$\alpha^2/2$	α	$\alpha^2/2$	α	$\alpha^2/2$	α	$\alpha^2/2$
0.6	1：18240	4.0	1：410	7.4	1：120	10.8	1：56	14.0	1：33
1.1	1：5427	4.6	1：310	8.0	1：103	11.3	1：51	14.6	1：31
1.7	1：2272	5.1	1：252	8.5	1：91	11.9	1：46	15.1	1：29
2.3	1：1241	5.7	1：202	9.1	1：79	12.4	1：43	15.6	1：27
2.9	1：781	6.3	1：165	9.6	1：71	13.0	1：39	16.2	1：25
3.4	1：568	6.8	1：142	10.2	1：63	13.5	1：36	16.9	1：23

6.3.3　量算面积的高差改正

　　因图上量算的是在高程归化到投影面上的面积，当地块投影到投影面上有高差时，需要把图上量算的投影后的面积改正到地球自然表面的面积。

　　如图 6-8 所示，设 L 为地球表面的水平长度，L_0 为 L 投影在投影面的长度，H 为地表水平面到投影面的高程，R 为地球半径，则有：

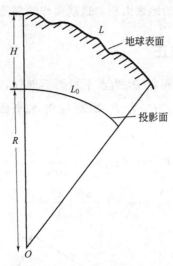

图 6-8　面积投影

$$\frac{L}{L_0}=\frac{R+H}{R}=1+\frac{H}{R}$$

由于相似图形面积之比等于其相应边平方之比，则：

$$\frac{P}{P_0}=\left(\frac{L}{L_0}\right)^2=1+\frac{2H}{R}+\frac{H^2}{R^2}$$

去掉微小项，得：

$$P=P_0\left(1+\frac{2H}{R}\right) \tag{6-10}$$

式中，P 为地球表面的图形面积；P_0 为图形在投影面上的面积，$2H/R$ 为图形面积由地面高程引起的改正系数。

利用不同的高程 H，可以得出不同的改正系数。从表 6-3 可以看出，如果测定面积的误差不大于 1/2000，则在图上测定海拔 1500m 以内的高程面上的面积时，可以不考虑高程影响的改正。

表 6-3　不同高程对面积的影响

H/m	$2H/R$	H/m	$2H/R$
100	1∶32000	2000	1∶1600
500	1∶6400	2500	1∶1270
1000	1∶3200	3000	1∶1060
1500	1∶2100	3500	1∶910

6.4　面积量算的精度要求与面积平差

6.4.1　面积量算的精度要求

（1）两次测算较差要求

① 求积仪量算　求积仪对同一图形两次量算，分划值的较差不超过表 6-4 的规定。

表 6-4　求积仪对同一图形两次测算的分划值的较差

求积仪量测分划值数	允许误差分划数
<200	2
200～2000	3
>2000	4

② 其他方法测算　同一图斑采用图解法量算面积时，两次独立量算的较差 Δp 应满足式 (6-11)。

$$\Delta p \leqslant 0.0003 M \sqrt{p}\,(\text{m}^2) \tag{6-11}$$

式中，p 为量算面积，m^2；M 为原图比例尺分母。若 $M=500$，则 $\Delta p \leqslant 0.15 M \sqrt{p}\ \text{m}^2$。

当 Δp 满足式 (6-11) 时，即取两次量算之平均值作为最后结果。

（2）土地分级量算的限差要求　为了保证土地面积量算成果精度，通常按分级与不同量算方法来规定它们的限差。

① 分区土地面积量算的允许误差，按一级控制要求计算，即

$$F_1 < 0.0025 P_1 = P_1/400 \tag{6-12}$$

式中　F_1——与图幅理论面积比较的限差，公顷；

　　　　P_1——图幅理论面积，公顷。

② 土地利用分类面积量算限差，作为二级控制，分别按不同公式计算。

求积仪法：

$$F_2 \leqslant \pm 0.08 \times \frac{M}{10000}\sqrt{15 P_2} \tag{6-13}$$

方格法：

$$F_3 \leqslant \pm 0.1 \times \frac{M}{10000}\sqrt{15 P_2} \tag{6-14}$$

式中　F_2、F_3——不同量算方法与分区控制面积比较的限差，公顷；

　　　　M——被量测图纸的比例尺分母；

　　　　P_2——分区控制面积，公顷。

6.4.2　控制面积量算

控制是相对的，二级被一级控制，又对下一级起控制作用。控制的级别越高，精度要求就越高。根据不同情况，一般可采用以下方法。

（1）坐标法　直接沿某地块外围界线拐点实测坐标，根据坐标法面积计算公式计算其面积。

（2）图幅理论面积　土地面积量算通常是以图幅为单位，图幅有两种，即梯形与正（矩）方形分幅。图幅大小均是固定的，面积可直接计算或从相关书籍中查取。

（3）沙维奇方法　在难以采用上述方法时，可采用沙维奇法。其精度低于上述两种，适用于特殊情况。

6.4.3　量算面积平差

面积量算遵循"从整体到局部，层层控制，分级量算，块块检核，逐级按比例平差"

即分级控制、分级测算、分级平差。

用图解法量算面积误差较大，数值不一。为了避免误差累积，消除图纸变形的影响，使总体面积和分区面积之和不发生矛盾，常用一个已知面积值作为总体面积进行控制。这个已知的总体面积常采用图幅理论面积值或解析法算得的街坊面积等。

图解法量算面积常采用两级控制。

第一级：以图幅理论面积为首级控制。图幅内各区块（街坊或村）面积之和与图幅理论面积之差称为闭合差，当闭合差小于限差时，可将闭合差按面积比例配赋给各区块，得出平差后各区块的面积。第二级：以平差后的区块面积作为第二级控制，以控制区块内的各宗地（或图斑）面积，当测算完区块内各宗地（或图斑）面积之后，其面积和与区块面积之差小于限差值时，将闭合差按面积比例配赋给各宗地（或图斑），则得宗地（或图斑）面积的平差值。

由于测量误差、图纸伸缩的不均匀变形等原因，使量算出来各地块面积之和与控制面积不等，若在限差内可以平差配赋，按下列公式计算，即：

$$\Delta P = \sum_{i=1}^{k} P'_i - P_0 \tag{6-15}$$

$$K = -\frac{\Delta P}{\sum_{i=1}^{k} P'_i} \tag{6-16}$$

$$V_i = K P'_i \tag{6-17}$$

$$P_i = P'_i + V_i \tag{6-18}$$

式中，ΔP 为面积闭合差；P'_i 为某地块量测面积；P_0 为控制面积；K 为单位面积改正系数；V_i 为某地块面积的改正数；P_i 为某地块平差后的面积。

平差后的面积应满足式（6-19）检核条件。

$$\sum_{i=1}^{k} P_i - p_0 = 0 \tag{6-19}$$

当采用部分解析法量算面积时，用解析法求出每个街坊面积，以各街坊面积控制本街坊内各宗地面积之和；当闭合差小于限差时，可将闭合差按面积比例配赋给街坊内各宗地，平差之后各宗地面积之和应与解析法求出的每个街坊面积相等。

在图幅或者区块内，采用解析法量算的地块面积，只参加闭合差的计算，不参加闭合差的配赋。

6.5　面积量算程序与面积统计

土地面积量算的程序与统计和量算的层次、方法有关，通常可以是解析法与图解法。解析法通常用于城镇地籍；后一种适用于农村地籍。在城镇地籍中，对宗地面积精度要求比较高。

土地面积量算的全过程，一般是三级量算两级控制，即以图幅土地面积量算为第一级量算，其理论面积作为首级控制；街坊（或村）作为第二级量算，其平差后的面积和为第二级控制；宗地（或农村地类）面积为第三级量算。

6.5.1 面积量算的程序

面积量算的程序，分为控制面积量算、碎部面积量算和汇总统计三步。

控制面积量算，下级行政单位的面积受上级行政单位面积的控制，下级控制面积在上级控制面积控制下平差。一幅图的图幅理论面积是各级面积的最基本控制。街道或街坊、村土地面积一般为城、乡的末级控制面积。

碎部面积指末级控制面积范围内各独立量测之图斑面积。碎部面积要依上级控制面积进行平差，平差后其面积之和应与控制面积相等。

汇总统计先分图幅统计各行政单位的宗地面积或土地分类面积，然后再将各图幅的统计数字汇总。汇总时应当进行校核，各级面积之和均应与其上一级控制面积吻合，以防止差错。如图 6-9 所示。

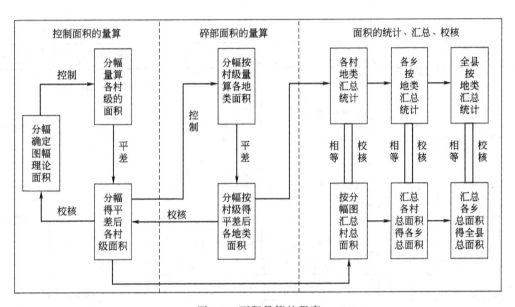

图 6-9　面积量算的程序

6.5.2 面积的汇总统计

在控制面积和碎部面积量算工作结束之后，要对量算的原始资料加以整理、汇总。整理、汇总后的面积才能为土地登记、土地统计提供基础数据，为社会提供服务。

面积汇总统计与面积量算的程序及原则有关。汇总内容取决于社会对资料的需求。汇总工作可分两个阶段进行：第一阶段为村、乡、县土地总面积的汇总，可在控制面积量算之后进行，它是第二阶段的控制基础；第二阶段为村、乡、县分类面积汇总，在碎部面积量算之后，按权属单位及行政单位汇总统计分类土地面积，它是第一阶段工作的继续。两个阶段的工作不一定相继进行，但两者汇总统计结果应起到相互校核的作用，发现问题应及时处理。

6.5.2.1 村、乡、县土地总面积汇总

村、乡、县土地总面积汇总，以分幅图上的村级控制面积量算原始记录为汇总的基本单元，自下而上，按行政界线汇总出村、乡、县三级行政单位的土地总面积。先以乡为单位填写，汇总各村及乡的土地总面积，然后以县为单位，汇总各乡及县的土地总面积。汇总过程中，用图幅理论面积作校核。

县、乡土地总面积，往往分布在较大数量的图幅上，为便于检查接边，必须标出土地调查单位所在图幅间的关系，避免面积测算和汇总过程中因图幅数量太多而出现遗漏或重复。因此，在面积测算前，要预先编制县、乡级图幅控制面积接合图表。

县（乡）级图幅控制面积接合图表上应标出县（乡）界、相邻县（乡）的名称及图幅号。有县（乡）界穿越的图幅，需按图幅测算出县（乡）内、外面积，并标在图幅上。无县（乡）界穿越的图幅，可直接标出该县（乡）行政范围所包括的图幅数，编制图幅控制面积接合图（图 6-10），计算出该县（乡）行政范围所包括的图幅数，以汇总土地总面积。

单位:平方米(0.0)

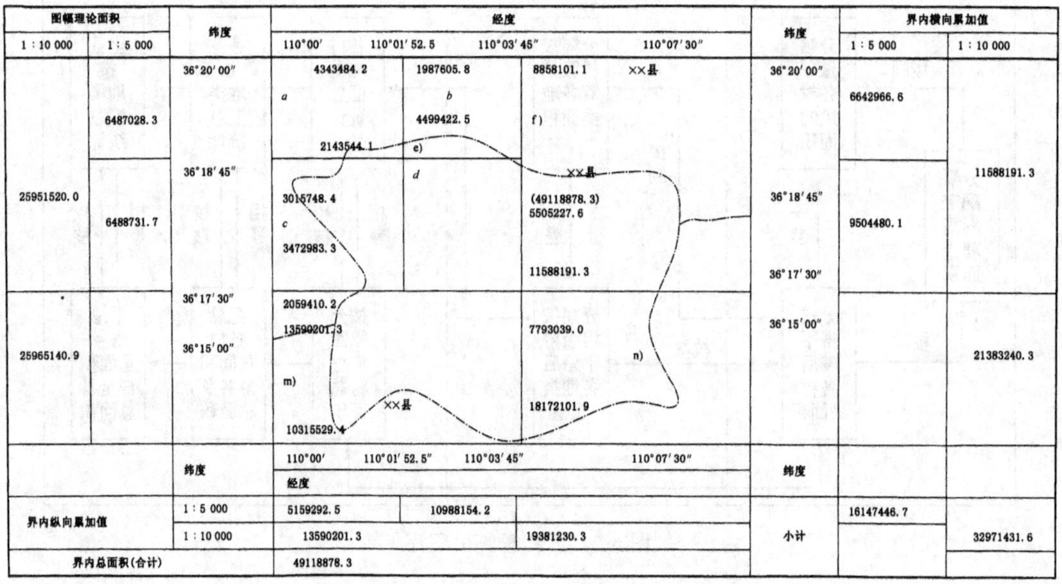

图 6-10 图幅理论面积与控制面积接合图表

编制单位:　　　　　　　　　　　　　　　　　日期:

6.5.2.2 分类土地面积汇总统计

第二阶段汇总工作以碎部面积量算成果为对象，分别按土地权属单位和行政单位整理、汇总统计分类土地面积及土地总面积。

（1）土地权属单位分类面积的汇总　土地权属单位分类面积汇总，按村、乡两级进行。先汇总出村级土地权属单位分类面积，再汇总出乡级不同所有制性质的土地总面积及分类面积。

① 村级土地权属单位分类面积汇总　村级土地权属单位面积是指村集体经济组织所有的集体土地、国营农场分场使用的国有土地、乡镇级各用地单位使用国有或集体土地的

面积。以碎部面积测算原始记录表中的图斑为基本单元进行汇总。它们直接为土地登记和土地统计提供依据。

② 乡界内土地权属单位分类面积汇总　在村界内土地权属单位土地面积的基础上，乡（镇）行政界内土地总面积等于集体所有土地、使用国有土地、国家后备土地及乡界内的飞地的面积总和。乡（镇）土地使用总面积等于乡（镇）行政界内土地总面积减去乡界内的外单位飞地面积，加上乡（镇）界外本乡（镇）的飞地面积。

（2）村、乡、县行政界内分类面积汇总　在村、乡、县三级分类面积汇总中，以村级行政界内的分类面积汇总为基础，乡（镇）行政界内土地总面积及分类面积等于各村的界内权属分类面积与各村界内其他用地单位分类面积之和。县土地总面积及各分类面积则由各乡（镇）的土地总面积及各分类面积汇总而来。

6.5.2.3　土地面积汇总统计中几种特殊地块的处理

（1）飞地，利用《飞地通知书》通知的所属单位，由该单位汇总。

（2）图面上按规定未绘出的零星地块，须根据外业调查记载的实勘面积，汇总在相应地类中，并在相应地类中扣除。

（3）线状地物与上述零星地同样处理。其长度可在图上量出，宽度应是实量值，如宽度不等可分段勘丈。

（4）田坎或田埂也是线状地物，由于数量过多而不能逐个量测，可划分若干类型，依不同类型，抽样实测，得出：

$$净耕地面积＝毛耕地面积－田坎面积$$

从而求得耕地系数或田坎系数，即

$$K_{耕}＝净耕地面积/毛耕地面积$$

$$K_{坎}＝田坎面积/毛耕地面积$$

$$K_{耕}＝1－K_{坎}$$

依不同类型求出不同的 K 值，即可在测算出毛耕地面积之后，按上式求出净耕地面积和应扣除的田坎面积。

思考题

1. 什么是解析法面积量算？常用的方法有哪些？

2. 什么是图解法面积量算？常用的方法有哪些？

3. 试述膜片法求算面积的原理。

4. 试述沙维奇法求算面积的原理。

5. 试推导坐标法计算面积的公式。

6. 土地面积量算有哪几项改正？试述改正的基本原理。

7. 用图解法在比例尺为 1：1000 的图上量算两个图形的面积各两次，其中，图形 A

的面积为 $22480m^2$、$22520m^2$；图形 B 的面积为 $630m^2$、$620m^2$。问哪一组的量测值合乎要求？

8. 土地分级测算的限差要求有哪些？

9. 试述用图解法测算街坊（或村）面积的基本步骤。

10. 已知一幅图面积为 $200000m^2$，该图幅包含 4 个分区，量算各分区之面积分别得到 $P'_1=58483m^2$、$P'_2=64204m^2$、$P'_3=29600m^2$、$P'_4=48115m^2$。这一组量测值是否合乎要求？如合乎要求，试计算各分区面积的平差值。

11. 怎样进行土地面积的汇总统计？试简要说明。

12. 在 1∶500 的地籍图上手工量取某一三角形 ABC 的面积，第一次、第二次量得三角形的边长分别为：

$$a_1=56.2m，b_1=48.2m，c_1=58.3m；$$
$$a_2=56.3m，b_2=48.3m，c_2=58.2m；$$

试利用两次量取的边长分别计算三角形的面积，面积之差是否满足面积计算精度要求？若满足精度要求，试确定三角形 ABC 的面积？（取 $\Delta S_限=0.0003M\sqrt{S}$）

第7章 日常地籍调查

因宗地设立、灭失、界址调整及其他地籍信息的变更而开展的地籍调查，称为日常地籍调查，也称变更地籍调查。通过变更地籍调查，不仅可以使地籍资料保持现势性，还可以提高地籍成果精度，逐步完善地籍信息内容。本章主要介绍日常地籍调查的作用、任务和工作程序，变更界址测量、宗地的合并与分割、新增与变更宗地的编号方法等。

7.1 日常地籍调查的作用和特点

土地登记之后，凡土地权属发生变更，或改变批准的主要用途和地类，均需按有关规定进行变更地籍调查并进行变更土地登记。

7.1.1 地籍变更的内容

地籍变更的内容主要是宗地信息的变更，包括更改宗地边界信息的地籍变更和不更改宗地边界信息的地籍变更。

7.1.1.1 更改宗地边界信息的地籍变更情况

（1）征收集体土地。

（2）划拨、出让、转让国有土地使用权，包括宗地分割转让和整宗土地转让。

（3）由于各种原因引起的宗地分割和合并。

（4）土地权属界址调整、土地整理后的宗地重划。

（5）城市改造拆迁。

（6）因各种自然灾害而引发的宗地边界的变化等。

7.1.1.2 不更改宗地边界信息的地籍变更情况

（1）继承、交换土地使用权。

（2）收回国有土地使用权、违法宗地经处理后的变更。

（3）宗地内新建建筑物、拆迁建筑物、改变建筑物的用途及房屋的翻新、加层、扩建、修缮。

（4）转让、抵押房地产时，精确测量界址点的坐标和宗地的面积。

（5）土地权利人名称、宗地位置名称、土地利用类别、土地等级等的变更。

（6）宗地所属行政管理区的区划变动，即地籍区（街道、乡镇）、地籍子区（街坊、行政村）等边界和名称的变动。

（7）宗地编号和房地产登记册上编号的改变。

7.1.2　日常地籍调查的作用

经过地籍总调查建立初始地籍后，随着社会经济的发展，土地被更细致地划分，建筑物越来越多，用途不断的发生变化，以房地产为主题的经济活动，如房地产的继承、转让、抵押等，更加频繁，土地的合并与分割时有发生，甚至随着科学技术的发展，测量仪器、测量方法以及测量规程也在不断的更新。因此，要求地籍管理者必须及时做出反应，对地籍信息进行变更，以维持社会秩序和保障经济活动正常运作。

日常地籍调查的作用表现在以下方面。

（1）保持地籍资料的现势性。

（2）使实地界址点位逐步得到认真的检查、补置、更正。

（3）使地籍资料中的文字部分，逐步得到核实、更正、补充。

（4）逐步消除地籍总调查中可能存在的差错。

（5）使地籍测量成果的质量逐步提高。

（6）使地籍数据库信息更丰富，管理手段更加先进。

7.1.3　日常地籍调查的特点

与地籍总调查的地理基础、内容、技术方法和原则是一样的，但日常地籍调查又有下列特点。

（1）目标分散，发生频繁，调查范围小。

（2）政策性强，精度要求高。

（3）变更同步，手续连续。进行了变更测量后，与本宗地有关的表、卡、册、证、图均需进行变更。

（4）任务紧急。使用者提出变更申请后，需立即进行变更调查与测量，才能满足使用者的要求。

由此可见，变更地籍调查是地籍管理的一项日常性工作。因此，《地籍调查规程》（TD/T 1001—2012）将变更地籍调查更名为日常地籍调查。因调查范围小、任务轻，通常由同一个外业组一次性完成。

7.2　日常地籍调查的任务与工作程序

7.2.1　日常地籍调查的任务

日常地籍调查的任务与地籍总调查的任务相似，主要工作包括以下内容。

（1）地籍要素变更调查，即对土地权属或地类发生变更的单位的边界、四至、地号、权源、使用者、利用现况等地籍要素进行的调查。

（2）界址点变更测量，或重新测量宗地新增界址点坐标，或按宗地的设计坐标实地放样界址点。

（3）地籍图修测，在原有地籍图上标绘权属界址点，修测新增地物并编绘地籍图。

（4）面积量算。

（5）填写土地变更调查记录表，颁发土地证。日常地籍调查一般结合变更土地登记进行，所需的文据、档案、资料包括如下方面。

① 变更土地登记申请书。

② 变更宗地及相邻宗地的地籍档案。

③ 变更宗地附近的地籍平面控制点资料。

④ 变更宗地所在的基本地籍图。

⑤ 变更地籍调查通知书。

⑥ 变更地籍调查表等。

7.2.2 日常地籍调查的工作程序

日常地籍调查的工作程序包括：申请变更登记、发送变更地籍调查通知书、实地调查与测量、修测地籍图、量算变更面积、申报批准和填写土地证。

（1）申请变更登记 土地权属单位发生土地变更，需按规定期限持土地证和政府批件向县级土地管理机关申请土地变更登记。凡属权属变更的，一般结合土地征用、划拨等法律程序办理变更登记；属地类变更的，根据县土地管理机关的规定，半年或一年办理一次变更登记。

（2）发送变更地籍调查通知书 根据变更土地登记申请，发送变更地籍调查通知书。有界址变更情况的，应通知申请者预先在实地分割宗地，并标定界址点，在变更界址点上设立界址标记。变更地籍调查通知书的格式如表7-1所示。

表 7-1 变更地籍调查通知书

变更地籍调查通知书
根据你(或单位)提交的变更土地登记申请书,特定于____月____日时到现场进行变更地籍调查,请你(单位或户主)届时派代表到现场共同确认变更界址,如属申请分割界址或自然变更界址的,请预先在变更的界址点处设立界址标志。 　　　　　　　　　　　　　　　　　　　　　　国土管理机关盖章 　　　　　　　　　　　　　　　　　　　　　年　　月　　日

（3）实地调查与测量 由土地管理员、测量人员，会同申请单位及其相邻权属单位人员，进行实地调查并测量地界。实地调查勘丈时，应首先核对申请者、代理人的身份证明及申请原因，检查变更原因是否与申请书上的一致。

界址变更必须由变更宗地申请者及相邻宗地使用者亲自到场共同认定，并在变更地籍调查表上签名或盖章。相邻宗地使用者届时不到场，申请者或相邻宗地使用者不签名或不盖章时，分别按地籍总调查中的相应规定处理。

宗地界址位置的测量可用解析法，也可根据分割宗地的已知条件（如边长、方位角、面积、坐标等）实地放样权属界。

（4）修测地籍图　将变更后的权属界线、地类界线以及地形要素展绘、标绘或修测在地籍图及土地证附图上。更改后的地籍图及附图上，所标的变更单位、权属地界、地类界的位置和面积必须与实地相符，确保地籍图、土地登记表和土地登记证的信息一致，互为印证，以达到全面反映土地权属和利用状况的目的。

（5）量算变更面积　量算变更面积必须以原土地调查时的分幅图为根据，并以该图上所定的图斑面积为控制进行量算和平差。最后，把量算平差后的变更面积记入土地变更原始记录表中（表7-2）。

表7-2　土地变更原始记录表

土地使用者：　　　　　　　　　　　　　　　　　　　　　　　　单位：m²

变更前	图幅图斑号		变更后	图幅图斑号		变更地段示意图（注记变更线段的长度）	
	地类			地类			
	总面积			总面积			
	其中现状面积			其中现状面积			
	净面积			净面积			
变更后地类	量算记录						
	量算方法及公式	量算面积	平差系数	平差后面积	其中现状面积	净面积	
							变更原因
							审批单位及文号

填写人：　　　　　调查人：　　　　　　　　年　月　日　单位（盖章）

（6）申报批准　在实地调查和审查的基础上，由县级以上土地管理机关组织复查。如果申请变更登记理由成立，手续合法，变更面积准确无误，无地权争议，则可向人民政府报批。

（7）填写土地证　人民政府批准土地变更后，县级土地管理机关应进一步对土地变更原始记录表进行检查、核实，然后把变更面积转抄到相应权属单位的《土地登记表》及《土地证》的"变更登记栏"内，并对变更内容作明确的记载。同时填写当年变更后的土地总面积及其权属、地类面积，并盖章生效。

凡涉及土地所有权、使用权变更的，一律更换土地证书，并重新填写土地登记卡。凡土地权属不变，仅更改土地用途、地类的，可在原土地证书和土地登记卡的"变更登记栏"内，填写更改事项，盖章后发还原土地证书。

7.3　变更地籍测量

变更地籍测量是在日常地籍调查过程中，为确定变更后的土地权属界址、宗地形状、面积及使用情况而进行的测绘工作。变更地籍测量是在变更土地权属调查基础上进行，或同时进行。

变更地籍测量包括更改界址和不更改界址两种测量。在工作程序上，可分两步进行：一是界址点、线的土地权属调查；二是进行变更测量。

7.3.1　更改界址的变更地籍测量

7.3.1.1　新设界址与界址变化的土地权属调查

根据土地登记申请书，查询档案资料、数据；按照土地权属调查的工作程序进行。

新设宗地，按照《地籍调查规程》（TD/T 1001—2012）宗地草图绘制的规定绘制宗地草图。

界址发生变化的宗地，根据实际情况，可按照规定重新绘制宗地草图，原宗地草图复印件一并归档；也可在原宗地草图复印件上修改制作成变更后的宗地草图。

7.3.1.2　变更测量

（1）界址点检查　这项工作主要是利用地籍调查表中界址标志表和宗地草图来进行。检查内容包括：界标是否完好，复量各勘丈值，检查它们与原勘丈值是否相符。按不同情况分别做如下处理。

对于解析法测量的界址点，如检查值与原值的差数在《地籍调查规程》（TD/T 1001—2012）解析界址点的精度规定的允许误差范围内（表 7-3），则不修改原来数据，并做检查说明；如检查值与原值的误差超过规定的允许误差，经分析确系原有技术原因造成的，经相关土地权利人同意后，应按照《地籍调查规程》（TD/T 1001—2012）界址点测量的规定，重新进行界址测量，并说明原因。

表 7-3　解析界址点的精度

级别	界址点相对于邻近控制点的点位中误差、相邻界址点间距误差/cm	
	中误差	允许误差
一	±5.0	±10.0
二	±7.5	±15.0
三	±10.0	±20.0

注：1. 土地使用权明显界址点精度不低于一级，隐蔽界址点精度不低于二级。

2. 土地所有权界址点可选择一、二、三级精度。

如界标丢失、损坏或移位，应恢复原界址点位置，并说明原因。有解析坐标且精度满足规定要求的，应按照原解析界址点精度的要求进行界址放样，并重新设立界标；只有图解坐标的，不得通过界址放样恢复界址点位置，应根据宗地草图、土地权属界线协议书、土地权属争议原由书等资料，采用放样、堪丈等方法放样复位，重新设立界标。

（2）界址放样与界址测量　新设界址点，应按照《地籍调查规程》（TD/T 1001—2012）界址点测量的规定进行界址测量。

界址发生变化的，经现场指界后，按照《地籍调查规程》（TD/T 1001—2012）界址点测量的规定进行界址测量。

宗地分割或界址调整的，可根据给定的分割或调整几何参数，计算界址点放样元素，实地放样测设新界址点的位置并埋设界标；也可在权利人的同意下，预先设置界标，然后测量界标的坐标。

7.3.2 不更改界址的变更地籍测量

7.3.2.1 界址未变化的土地权属调查

（1）根据土地登记申请书或地籍调查任务书，查询档案资料、数据，经分析后，确定是否需要进行实地调查。

（2）如不需要到实地进行调查的，在复印后的地籍调查表内变更部分加盖"变更"字样印章，并填写新的地籍调查表，不需重新绘制宗地草图。

（3）经实地调查，发现土地权属状况与相关资料完全一致的，按上条办理。发现丈量错误，须在宗地草图的复制件上用红线划去错误数据，注记检测数据，重新绘制宗地草图，并填写新的地籍调查表。

7.3.2.2 变更测量

一般是用现有的高精度的仪器，实测宗地界址点坐标或建筑物位置，以修正发现错误的相关资料。

7.3.3 不更改界址的界址恢复与鉴定

7.3.3.1 界址的恢复

在界址点位置上埋设了界标后，应对界标细心加以保护。界标可能因人为的或自然的因素发生位移或遭到破坏，为保护地产拥有者或使用者的合法权益，须及时对界标的位置进行恢复。

在某一地区进行地籍测量之后，表示界址点位置的资料和数据一般有：界址点坐标、地籍图、宗地图、宗地草图上界址点的点之记等。对于界址点，以上数据可能都存在，也可能只存在某一种数据。恢复变动的界址点，可根据实地界址点位移或破坏情况，已有的界址点数据及所要求的界址点放样精度，已有的仪器设备，选择不同的界址点放样方法。

恢复界址点的放样方法一般有直角坐标法、极坐标法、角度交会法、距离交会法。这几种方法其实也是测定界址点的方法。测定界址点与放样界址点的工作过程是相反的。

7.3.3.2 界址的鉴定

依据地籍资料（原地籍图或界址点坐标成果）于实地鉴定宗地界址是否正确的测量工作，称为界址鉴定（简称鉴界）。

界址鉴定工作通常是在实地界址存在问题，或者双方有争议时进行。

问题界址点如有坐标成果，且临近还有控制点（三角点或导线点）时，则可参照坐标放样的方法予以测设鉴定。如无坐标成果，能在现场附近找到其他的明显界址点，应以其暂代控制点，据以鉴定。否则，需要新施测控制点，测绘附近的地籍现状图，再参照原有地籍图、与邻近地物或界址点的相关位置、面积大小等加以综合判定。

重新测绘附近的地籍图时，最好能选择与旧图相同的比例尺，这样可以直接套合在旧图上或数字地籍图上，以便对比审查。正常的鉴定测量作业程序如下。

（1）准备工作

① 调用地籍原图、表、册。

② 精确量出原图图廓长度，与理论值比较是否相符，否则应计算其伸缩率，以作为边长、面积改正的依据。

③ 复制鉴定附近的宗地界线。原图上如有控制点或明确界址点（越多越好），尤其要特别小心的转绘。

④ 精确量定复制部分界线长度，并注记于复制图相应各边上。

若有界址点坐标和界址边长数据，可直接抄录或复制原图。

（2）实地施测

① 依据复制图上的控制点或明确的界址点位，并判定图与实地相符正确无误后，如点位距被鉴定的界址处很近且鉴定范围很小，即在该点安置仪器测量。

② 如所找到的控制点（或明确界址点）距现场太远或鉴定范围较大，应在等级控制点间按正规作业方法补测导线，以适应鉴界测量的需要。

③ 用光电测设法、支距法或其他点位测设方法，将要鉴定的复制图上界址点的位置测设于实地，检查其准确性，并用鉴界测量结果计算面积，核对无误后，报请土地主管部门审核备案。

7.4　宗地的合并与分割

土地权属的变更，实质为宗地权属单位的更替，其中涉及宗地的合并与分割。这种将现有土地权属单元（宗地），按照土地使用者的意愿或某种需要（如城市公共设施建设征地、抵押部分土地贷款、土地重新规划等）进行合并或分块的测量工作称为宗地的合并与分割。在城市开发区和新建住宅区常常遇到这种情况。宗地的合并与分割是土地管理工作中一项重要的工作内容，必须依法进行。

7.4.1　宗地的合并

宗地的合并比较简单，归纳起来有以下几方面的工作内容。

（1）确定合并后新的宗地的边界及界址点，如图 7-1 中的界址点 1～9，并抄录界址点号（地籍图中的统一编号）及坐标。

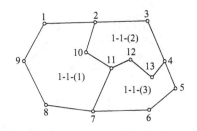

图 7-1　宗地的合并

（2）删除新宗地内部的界址点及其坐标，如图 7-1 中的 10～13 界址点。

（3）确认新宗地的相邻权属单元（四至）。

（4）计算面积。根据新宗地界址点坐标计算的面积应与合并前各宗地面积之和相等，其差值应小于允许误差。

7.4.2　宗地的分割

通常遇到以下情况时需要进行宗地的分割。

（1）用地范围的调整，或相邻宗地间的界线调整。

（2）城市规划的实施和按规划选址。

（3）土地整理后的地块或宗地的重划。

（4）因规划的实施或其他原因引起的地块或宗地内包含几种地价而需要明确界线的。

（5）宗地需要根据新的用途划分出新的宗地。

（6）由于不在上述之列的原因引起的土地分割或重划。

宗地分割的方法很多，大体上可分为两大类：一类是直接分割法，即直接根据给定条件分割出所需面积的地块；另一类是计算法，即利用野外测量成果推求出要分割地块的界址点坐标，并在实地确定其位置。前者测算快，多用于面积较小的土地，而后者多用于面积较大和地价较高的城市地区。

7.4.2.1　直接分割（以三角形地块为例）

（1）过三角形某边上的定点作直线分割　如图 7-2 所示，欲以 AB 边上一点 P 为准，从 $\triangle ABC$ 中分割出面积为 f 的三角地块。自定点 P 作 $PD \perp AC$，并量出 PD，则 $PD \times AQ = 2f$，所以有：

$$AQ = \frac{2f}{PD} \tag{7-1}$$

若 $\angle A$ 为已知数据或用经纬仪测得，则：

$$AQ = \frac{2f}{AP \sin A} \tag{7-2}$$

求出 AQ 的长度，便可在实地放样出 Q 点的位置。

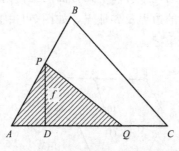

图 7-2　过边上定点分割三角形

（2）与三角形某边平行的分割　如图 7-3 所示，使分割线平行于一边（AC），分割出预定面积为 f 的三角地块。

根据两相似三角形面积比，等于相应边平方的比，则：

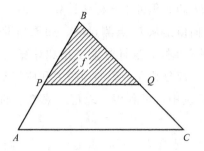

图 7-3 平行于一边的三角形分割

$$P_{\triangle ABC} : P_{\triangle PBQ} = AC^2 : PQ^2 = AB^2 : PB^2 = BC^2 : BQ^2 = F : f$$

$$PB = AB\sqrt{\frac{f}{F}}, \quad BQ = BC\sqrt{\frac{f}{F}} \tag{7-3}$$

显然，只要在实地丈量 PB 及 BQ 边，便可在实地放样出 P 点与 Q 点的位置。

7.4.2.2 计算分割（以多边形地块为例）

（1）按两点连线划分土地　如图 7-4 所示，为多边形地块 $ABCDEF$，地块总面积和各界址点坐标是已知的。要求在不进行野外测量的条件下，连接 AD，把该地块分成两部分，求取割线的长度和方向，并分别计算出划分后的两块土地的面积。

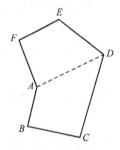

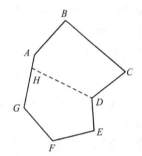

图 7-4　按两点连线分割宗地

图 7-5　按指定方向分割宗地

显然，根据 A、D 点的坐标，可按下式计算 AD 的长度和方位角：

$$d_{AD} = [(x_D - x_A)^2 + (y_D - y_A)^2]^{1/2} \tag{7-4}$$

$$\alpha_{AD} = \arctan\frac{y_D - y_A}{x_D - x_A} \tag{7-5}$$

而 $ABCD$ 和 $ADEF$ 所围的面积可按坐标法计算。

（2）按指定方向作直线分割面积　在图 7-5 中，$ABCDEFG$ 代表一块已知大小的土地，DH 代表一条过 D 点且按指定方向所作的直线，该直线将土地划分成两部分。

现欲根据已知数据计算 DH 和 HA 的长度，以及划分成两块土地的各自面积。因为已知 DH 的方向和 D 点的坐标，故可列出直线 DH 的点斜式直线方程，即：

$$y - y_D = (x - x_D)\tan\alpha_{DH} \tag{7-6}$$

根据 G、A 点的已知坐标，也可写出 AG 的直线方程式，即：

$$(y - y_A)/(y_G - y_A) = (x - x_A)/(x_G - x_A) \tag{7-7}$$

联立解算方程（7-6）、方程（7-7），便可求得 H 点坐标，从而求得 HA 的长度。显然，*ABCDHA* 和 *HDEFGH* 的面积可用坐标法计算。

在实地，*DH* 边长和方向值是从 *D* 点测设的。如果测设的 *H* 点正好位于 *GA* 线上，且 *HA* 长度的计算值与观测值相同，这样外业工作和计算工作就都得到了检核。也可以检验面积计算的正确性，即两部分独立计算的面积之和应等于整个地块的面积。

在南方 CASS7.0 成图系统中，可利用"地籍"菜单下的"宗地合并"、"宗地分割"来完成宗地的合并与分割。

① 宗地合并　每次将两宗地合为一宗，宗地合并后，两宗地的公共边被删除，宗地属性为第一宗地的属性。

② 宗地分割　每次将一宗地分割为两宗地，执行此项操作前必须先将分割线用复合线画出来。宗地分割后，原来的宗地分为两宗，但此时属性与原宗地相同，需要进一步修改其属性。可选择"地籍"菜单下的"修改宗地属性"进行宗地属性的修改。

对于数字地籍图，利用专业软件比较容易实现宗地的合并，但宗地的分割，需根据要求先确定好分界线。若不通过计算准确定点，可采用逐渐逼近法移动分界线完成分割。

7.4.3　新增或变更宗地的编号

县级行政区界线变化引起宗地代码变化的，在确定新移交宗地的地籍区和地籍子区后，重编宗地代码，并在原地籍调查表复印件的宗地编码位置上加盖"变更"字样印章，在地籍调查变更记事栏注明新的宗地编码。

土地权属类型发生变化的宗地，原宗地代码不再使用，新代码按照《地籍调查规程》（TD/T 1001—2012）中《宗地代码编制规则》的规定编制。

新设宗地、界址发生变化的宗地，原宗地编号不再使用，按编号规则在街坊最大宗地号后增编宗地号。

宗地合并、分割、边界调整时，宗地必须赋以新号，原宗地代码不再使用，同时遵循以下原则。

（1）宗地第一次分割后的各宗地以原编号加支号顺序编排。如 18 号宗地分割成三块，分后的编号分别为 18-1、18-2、18-3。

分割后的宗地发生第二次分割，则在第一次分割支号基础上顺序编号。如 18-2 号宗地再分割成 2 块宗地，则编号为 18-4、18-5。

（2）几宗地合并时，采用最小的宗地号加支号作为合并后的宗地号，原宗地号都不再使用。如 18-4 号宗地与 10 号宗地合并，则编号为 10-1；如 18-5 号宗地与 25 号宗地合并，则编号为 18-6。

多宗合并成一宗，如 6、7、8、9 号全部合为一宗，则并后编号为 6-1；如 6 号部分、7 号部分、8 号部分、9 号部分合为一宗，则并后编号为 6-1，而 6、7、8、9 号剩余部分宗地相应变为 6-2、7-1、8-1、9-1。

（3）整个街坊中新增宗地在最大宗地号后续编；若新增宗地属新增街坊，则新街坊号须在调查区街坊号后续编，宗地号同初始调查编号方式。

（4）新增界址点点号在地籍子区内的最大界址点号后续编；修测后的界址点按照新的

编号记录在界址点坐标册中；合并后不再具有界址点意义的界址点号，其编号应该废除；废除的界址点也应当在界址点坐标册中加以废除和备注。

7.5　土地利用变更调查

土地利用变更调查的基本技术和方法与前面讲述的一致。在进行土地利用变更调查时，可以收集和运用日常积累的丰富资料，充分应用测绘新技术和信息管理技术，使调查工作更快捷、方便。土地利用变更调查的作用和特点与变更地籍调查的作用和特点是一致的，下面就土地利用变更调查的几个关键问题进行简要论述。

7.5.1　土地利用现状变更类型

（1）土地利用现状变更类型

① 一起变更发生在一个图斑内。

② 多起变更发生在一个图斑内。

③ 一起变更发生在多个图斑内。

④ 多起变更发生在多个图斑内。

（2）土地利用现状变更调查可使用的资料

① 原土地利用现状调查资料，包括土地利用现状图、土地权属图、各种文件资料等。

② 近期的遥感影像、正射相片等。

③ 初始和日常城镇村庄地籍调查资料。

④ 土地复垦、土地开发、土地征用、农业结构调整和土地整理等资料。

7.5.2　变更调查的技术流程

RS 技术、GIS 技术、GPS 动态定位技术的迅速发展，为土地管理技术增添了新的技术手段。3S 技术应用可以缩短成图周期、降低成本、提高成果质量。目前，该技术已广泛应用于土地利用变更调查工作中。

利用已有的 GIS 平台和遥感技术，开发和建立土地信息方面的管理系统，实现数据的采集、处理、分析、应用的信息流过程，减少了中间环节，降低了错误发生率，提高了精度和效益，并为今后的变更调查提供更大的方便。例如，根据收集到的资料，建立土地利用数据库、土地权属数据库和遥感影像数据库（栅格）等。把土地利用现状线画图形与影像数据叠加，采用自动分析或人工分析技术，可自动或半自动地判定和提取地类变更区域，并输出正射影像图（含线画）用于外业调绘和修测。再利用遥感技术测制数字土地利用现状图和土地权属图，并建立更新数据库，实现面积的自动量算和汇总。基本技术流程如图 7-6 所示。

土地利用变更调查的工作内容主要包括以下方面。

（1）准备工作。

（2）外业土地利用变更调查与测量、权属变更调查。

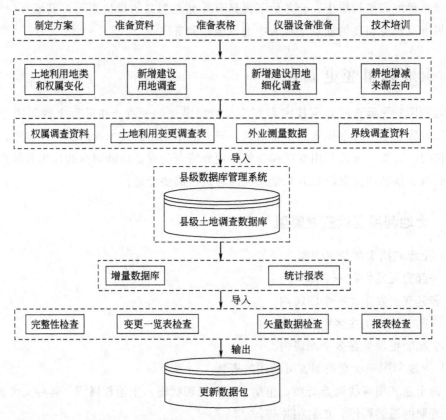

图 7-6　县级土地利用变更调查流程

（3）权属变更调查资料、土地利用变更资料、行政区划变更资料整理，填写土地利用变更调查表。

（4）变更数据导入土地利用现状数据库。

（5）人机交互方式，实现各个图层要素的更新。

（6）导出增量数据库、统计报表。

（7）增量数据库与统计报表导入更新上报软件进行检查。

（8）检查无误后导出更新数据包和更新后土地利用数据库。

（9）编写各项技术报告、说明书、成果资料等。

7.6　面积量算与检核

地籍图修测工作结束后，应对变更后的土地权属单元（宗地）和地块面积重新量算，并进行校核。

根据实际情况，可采用坐标法或几何要素法计算宗地面积。

面积变更采取高精度代替低精度的原则，即用高精度的面积值取代低精度的面积值；原面积计算有误的，在确认重新量算的面积值正确后，须以新面积值取代原面积值。

变更前后均为解析法量算的宗地面积，如原界址点坐标或界址点间距满足精度要求，则保持原宗地面积不变。

变更前为图解法量算的宗地面积，变更后为解析法量算的宗地面积，用解析法量算的宗地面积取代原宗地面积。

变更前后均为图解法量算的宗地面积，两次面积量算差值满足限差要求的，保持原宗地面积不变，两次面积差值超限的，应查明原因，取正确值。

对宗地进行分割，分割后宗地面积之和与原宗地面积的差值满足规定限差要求的，将差值按分割宗地面积比例配赋到变更后的宗地面积，如差值超限，应查明原因，取正确值。

面积量算或计算的方法详见第 6 章，不再赘述。

7.7　土地利用动态遥感监测

自 20 世纪 80 年代初以来，随着我国经济的快速发展，土地利用结构发生了明显的变化，耕地资源数量减少，非农业用地大量增加，人多地少的矛盾日益突出。及时、准确地掌握土地资源的数量、质量、分布及其变化趋势，管理土地权属，是地籍工作的重要任务，它直接关系到国民经济的持续发展与规划的制定。因此，土地管理逐渐被提到国家重要的议事日程上来，地籍工作受到高度的重视。

国务院从 1984 年开始组织了全国范围内以县为单位的土地利用现状调查（简称详查），拉开了现代地籍工作的序幕。到 1996 年，基本摸清了我国土地资源的数量和利用方式。整个详查工作历时 10 余年之久，其间土地利用格局又发生了不小的变化。因此，国家为了及时掌握土地资源的利用现状，保持土地利用数据的现势性，各县（市）每年都要进行土地利用变更调查和动态监测（以下简称土地利用动态监测），向国家土地管理部门上报变更后的数据和监测结果。随着测绘新技术的发展，传统土地利用动态监测方法的局限性更加明显，目前遥感技术已成为土地利用动态监测的重要手段。

7.7.1　土地利用动态遥感监测的含义

近年来，遥感（RS）、地理信息系统（GIS）和全球定位系统技术（GPS）的发展与日益成熟，给土地管理部门提供了土地利用动态监测新的思路与方法。利用遥感技术进行土地利用变更调查和动态监测称为土地利用动态遥感监测。

土地利用动态遥感监测是以土地利用调查的数据及图件为基础，运用遥感图像处理与识别技术，从遥感图像上提取变化信息，从而达到对土地利用变化情况进行及时的、直接的、客观的定期监测，核查土地利用总体规划及年度用地计划的执行情况，并重点检查每年土地变更调查汇总数据，为国家宏观决策提供比较可靠、准确的土地利用变化情况，同时对违法或涉嫌违法用地的地区及其他特定目标等进行快速的日常监测，从而为违法用地的查处以及突发事件的处理提供依据。

7.7.2　土地利用动态遥感监测的技术流程

土地利用动态遥感监测系统的技术流程如图 7-7 所示。

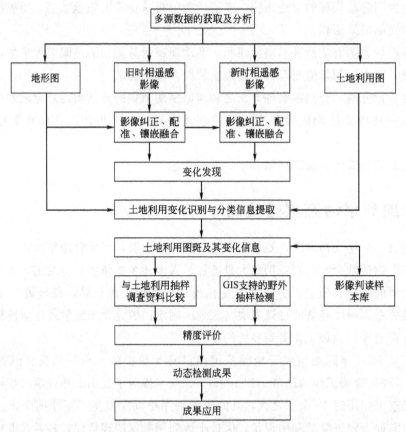

图 7-7　土地利用动态遥感监测技术流程

从图 7-7 可见，土地利用动态遥感监测的基本步骤就是对多源数据（包括多时相、多源遥感）进行纠正、配准、融合等预处理，通过图像处理和影像判读来确定变化属性及进行统计分析，结合人工判读目视解译，发现和提取土地利用的变化信息，实地核查并建立土地利用动态监测数据库。其主要工作包括以下方面。

（1）多源数据的选取　根据地籍管理所具有的连贯性、系统性和高精度等特点，并结合当前遥感数据的具体情况，目前对数据源的选取主要采用的是美国的 LandsatTM 和法国的 SPOT 这两种卫星数据。此外，为提高监测精度，还要结合使用已有的地形图、土地利用调查图等图件资料，注意收集当地的人文、地质、作物生长信息；为实现对重点区域进行监测的需要，还要借助航片或更高分辨率卫星影像数据资料。

（2）数据预处理　多源数据的预处理包括辐射校正、影像增强、几何校正、影像配准、镶嵌及影像融合等工作。数据预处理能减小非变化因素的干扰，增强影像的可判读性，有效地提高监测的精度。

（3）变化信息提取及变化类型确定　变化信息是指在确定的时间段内，土地利用发生变化的位置、范围、大小和类型。提取变化信息时，要对两个时相的遥感影像作点对点的直接运算，经变化特征的发现、分类处理以及人工辅助判读解译，获取土地利用的变化位置、范围，确定变化的类型。

（4）外业核查　若在变化信息提取之后进行土地变更调查，可以根据变化信息提取的结果缩小核查的范围，减少野外土地变更调查的工作量，而核查的结果可以提高遥感监测的精度；若在变化信息提取之前已经有土地变更调查资料，则可根据调查资料定性指导、定量判读，支持并确认变化信息提取结果。内外业相互验证，从而提高遥感监测的精度和可靠性。

（5）变化信息后处理　外业核查提供了土地利用变化的准确信息。在核查的基础上，再借助有关统计资料和专题资料，对变化信息进行后处理，归并小图斑，辅助解决原内业工作中的困难问题。

（6）监测精度评定　利用实地外业核查以及监测的变化图数据，对内外业变化监测的差异记录核实并进行统计分析及精度评定。最终的监测成果为土地管理提供可靠的基础资料和技术保障。

7.7.3　几个关键问题说明

土地利用动态遥感监测技术的关键问题有：如何有效地发现土地利用的变化信息；如何确定何种土地利用类型发生了变化；变化的地块如何进行精确的空间定位。

（1）土地利用变化信息的发现　目前土地利用变化监测（即变化信息自动发现）方法主要有影像相减法、植被指数相减法、变化矢量分析法、主分量分析法、光谱特征变异法、分类结果比较法等。除了最后一种方法外，其余的方法都只是检测出可能的变化，而并没有给出土地利用变化的定量信息（如面积）和变化中类型的转化信息（如地类属性）。由于遥感影像处理的复杂性，在处理不同影像时，单一的变化信息提取方法经常解决不了所有地类变化情况，所以往往将几种方法结合使用。

（2）土地利用变化类型的确定　土地利用变化类型的确定方法一般有目视解译法和计算机自动解译分类法。但这两种方法各有优缺点，变化信息的发现可以通过计算机自动分类和人工解译相结合的方法进行，监测精度将会大于只用某种方式进行变化信息的提取。不仅如此，在确定和勾画变化边界时，也要将计算机自动选取变化区域和人工勾画边界的方法结合起来，这样既能提高工作效率，又能提高监测精度。

（3）提高变化地块的空间定位精度　为提高土地利用变化地块的空间定位精度，通常要对内业判读的成果进行外业核查。外业核查内容包括以下方面。

① 实地检查确认遥感内业判读的变化图斑。

② 实地调查影像上识别或定位不准的小图斑边界线。

③ 实地量测影像上量测精度不足的线状地物宽度。

④ 对影像上有云影遮盖的范围作补充调查。

⑤ 实地收集监测区内与真正变化图斑相对应的土地变更调查资料，为变化信息分类后处理及精度评价提供依据。

实际工作中，还要借助 GPS 等一些较高精度的测量手段，以提高外业量测的准确性。此外，在核查中还要注意实地记录当地典型地物的光谱特征。对照遥感影像，选取这种地物对应的影像块，为建立当地影像特征库积累资料。北方旱地的光谱特征和南方同类地物相比，差别比较明显，因此在进行变化检测和类型确定时，两处地物对应的判读条件是不一样的，需要利用不同的影像特征先行检验。

7.7.4 土地利用动态遥感监测技术的优缺点

（1）土地利用动态遥感监测技术的优点　与传统的地籍调查方法相比，遥感监测技术有较多优势，主要表现在以下方面。

① 保证精度　遥感技术可在较大范围内准确地监测各类土地利用变化数据。

② 经济实用　可在大尺度空间条件下，利用遥感技术数据几何分辨率高的特点，对土地利用变化数据进行快速采集，也更加经济和实用。

③ 效率更高　利用遥感监测数据在复核地籍变更调查数据准确度的同时，还可以有针对性地指导和辅助变更调查工作，节省了外业查找变化地块的时间，提高了工作效率，保证了调查结果的可靠性。

④ 直观实时　卫星遥感监测技术为配合土地执法检查，强化国土资源执法监察、贯彻"预防为主、防范和查处相结合"的国土资源执法监察新思路提供了强有力的科技支撑，为国土资源规划、管理、保护的快速决策提供了技术保证。

（2）土地利用动态遥感监测技术的缺点　但就土地利用动态遥感监测来讲，还有不少问题，主要表现在以下方面。

① 数据预处理在实际工作中达不到要求，其有效算法和技术影响了动态监测成果的精度。

② 由于变化监测算法的差异性，所有变化监测算法的能力受空间、光谱、时域和专业内容的限制，所采用的方法在一定程度上影响了变化监测的精度。甚至对于同一环境，由于采用的方法不同，所产生的结果也会不同。

③ 土地利用动态变化遥感监测有多种方法，各方法都有其优缺点。因此，选择合适的土地利用变化监测方法，也显得尤为重要。

总之，今后还需对土地利用动态变化遥感监测技术和方法进行深入研究，以建立起我国宏观土地利用动态遥感监测体系，为我国国土资源管理提供技术支持。

7.7.5 土地利用动态遥感监测技术的应用

1999 年，国土资源部首次利用高分辨遥感资料，对全国 66 个 50 万人口以上城市在 1998 年 10 月至 1999 年 10 月期间各类建设占用耕地情况进行了监测，引起了各级土地管理部门的高度重视。1999 年土地利用动态遥感监测的数据源选择的是 1998 年（8～11 月）美国 LandsatTM、ETM＋30m 多光谱数据和法国 SPOT 全色数据；重点地区使用了 1：3.5 万比例尺的航空相片；充分利用当时成熟的技术方法，选取两个时相的 SPOT、TM 为主要数据源，对其进行纠正、配准和数据融合，以提高地物的光谱识别能力和空间分辨率。2002 年，土地利用动态监测的主要数据源是数据质量更高的 10m SPOT5 卫星多光谱数据和 2.5m 全色数据。目前，国土资源部利用遥感技术动态监测土地利用状况已常态化，每月核查一次，从而为监督合理用地、查处违法用地、处理突发事件等提供依据。

此外，一些大中城市也进行了相关的尝试，并取得了一定的成果。沈阳市勘测院利用航空遥感图像，辅以实地判读，内业利用立体测图仪进行航片的解译，直接量取相关的数据，生成图形与数据文件，使地籍调查工作中的权属调查与地籍测量全部应用遥感图像一次处理完成，取得了令人满意的效果。中国科学院武汉测量与地球物理研究所利用遥感技术，对武汉市的土地利用类型变化进行了动态监测，得到了武汉市土地利用变化的专题图，得到 47 处变化图斑，经过野外抽样调查，正确率在 95％以上。之后在地理信息系统软件 ARC/INFO 的支持下，以全数字化的方式量算各图斑的面积，得到了武汉市近年来土地利用类型的变化情况。

今后，随着遥感技术的不断发展，影像分辨率的不断提高，以及计算机技术和信息处理技术的不断增强，土地利用动态遥感监测技术将不断完善，并将得到越来越广泛的应用。

1. 何谓日常地籍调查？试述其作用和特点。

2. 地籍变更的内容有哪些？

3. 试述日常地籍调查的任务与工作程序。

4. 试述更改界址的变更地籍测量的工作过程及注意事项。

5. 试述不更改界址的变更地籍测量的工作过程及注意事项。

6. 什么是宗地的合并与分割？何种情况下需要进行宗地的分割？

7. 宗地分割的方法有哪些？试述各自的适用范围。

8. 合并或分割后的宗地如何编号？

9. 土地利用变更调查的工作内容有哪些？

10. 地籍图修测后，宗地面积量算和检核应注意哪些事项？

11. 什么是土地利用动态遥感监测？

12. 试述土地利用动态遥感监测的技术流程。

13. 土地利用动态遥感监测的基本内容有哪些？

14. 土地利用动态遥感监测的关键问题有哪些？

15. 土地利用动态遥感监测的优缺点？

第8章 房产调查与房产图测绘

房屋是一种不动产，其建筑物是构成城市最基本的因素之一。它又是城市经济的最重要组成部分，是人类活动、居住的最基本场所，也是城市地籍管理的主要内容。本章主要介绍房产调查的基本知识、房屋调查的内容、共有面积的分摊、建筑面积的计算、房产调查的技术要求和房产图的测绘方法。

8.1 房产调查的基本知识

8.1.1 我国的房产所有制

我国的房产按其产权所有制性质，可分为国有房产、集体所有制房产、私有房产和涉外房产等几个基本类型。

(1) 国有房产 社会主义全民所有的房产，它包括国家投资兴建单位使用，国家全民所有制企、事业单位兴建单位使用，解放时按政策没收，由国家机关、事业等单位使用的房产。同时，各种渠道对全民所有制事业单位的捐赠，亦属国有房产。国有房产按国家统一领导，分级管理的原则，授权国家机关、国有企事业单位管理。这些单位有对房屋的占有、使用和处分的权利，同时有爱护、保护房屋不受损失的义务。当转移国有房产时，需报上级领导机关和城市房管机关审批，当涉及土地时，要报土地管理机关审查批准。

按照国家有关政策规定，由城市房管机关管理的国有房产，由房管机关代表国家行使占有、使用和处分的权利。

(2) 集体所有制房产 由集体单位兴建、劳动群众集资兴建、集体经济组织（例如供销合作社系统，农村乡镇企业等）所建设和管理的房屋。这些集体组织享有本组织所有房产的占有、使用、处分的权利，有依照法律的规定享受房产收益和资金增值的权利。

(3) 私有房产 我国公民依国家有关规定，个人出资兴建的房屋，包括城市市民个人建房、个人购房、个人继承房屋遗产（交纳遗产税之后的部分）、个人受赠、农村村民经办理手续后在集体土地管辖区内的宅基地上的建房等。私有房产的产权人依法享有对房屋的占有、使用和处分的权利。改革开放以来，特别是实行住房制度改革后，我国城乡居民的私有房产有上升趋势。

(4) 涉外房产 外国公民、外国使公馆、外资企业、合资企业、合作经营企业以及港澳、台同胞在国内投资兴建或拥有的房产。依照法律规定，产权人依法对房屋享有占有、使用和处分的权利。

自 20 世纪 80 年代改革开放以来，我国股份制企业不断增多，股份制企业的房产具有特定的含义。股份制企业的房产属股票持有者即股东所有。股东可以是法人，也可以是自然人。依股份制结构，可以分为国有企业股份制、集体企业股份制、私营企业股份制、中外合资股份制、联合企业股份制。因此，股份制企业房产从性质上说是非个人房产，它由公司董事会和企业法人代表具体管理。

8.1.2　我国房产的产权类别

建设部 1984 年发布的第一次全国房屋普查的有关规定是房产产权类别调查的依据。该规定按房屋所有权和管理的形式，将产权类别分为 11 类。

（1）公产　由房产管理部门直接管理的房产，即解放时没收的敌遗产（没收封建主义、官僚资本主义、战犯等的房产，敌伪政权的公房和其他反动分子的房产）；国家经租期满后由国家所有的经租产；解放后收购和赎买的房产；接管的会馆产、绝户产，私人捐献等房屋；解放后历年由国家投资兴建并由房管部门直接管理的房屋，等等。

（2）代管产　房屋的所有权属私有，但所有权人出走弃留，或下落不明的，由政府房产管理部门代为管理的房屋。按政策规定已发还的不属此列。

（3）托管产　房屋的所有权属私有或单位所有，由于管理不便或其他原因，委托房管部门代为管理的房屋。

（4）拨用产　房屋的所有权属国家公有，由政府部门管理的房屋，由于工作的需要或历史的原因，经政府批准免租拨借给单位使用的房屋。

（5）全民单位自管公产　全民所有制单位管理的公房，包括机关、学校、国营企业和事业单位，由国家拨款兴建，或解放时接管、接收并由单位自行管理的行政办公用房、科技专业办公用房、业务活动、生产活动和生活用房等。

（6）集体单位自管公产　指城镇集体所有制单位、乡镇企业单位、合作经济实体等单位投资兴建并自行管理的房屋，包括办公、劳作、经营和生活用房。

（7）私产　指城镇中公民个人出资兴建或购买的房屋，包括私营企业、作坊和住宅。乡镇农民建房和华侨房产、个人受赠、交换、继承、分家所得等房屋亦属此列。

（8）中外合资产　我国政府、事业和企业单位与外国政府、公司、厂商合资建造、购买的房屋，包括中外合资股份制企业的房产。

（9）外产　是外国政府、使（领）馆、外国企业单位、社会团体、外籍机构和外国侨民所有的房屋。

（10）军产　是指中国人民解放军、武警部队所属的机关、院校、营房、医院、工厂等军事单位所有的办公、训练、工作和生活区房屋。

（11）其他产　凡不属以上十种类别的房屋，或难以判定类别的都归这一类。例如同一座商品住宅楼，既有个人购的又有单位购的，而图上又不能一一表示时，可归为其他产。

8.1.3　房屋的建筑结构

房屋的建筑结构类型是按房屋主要承重结构，例如墙、柱、梁、构架等部分所用的主要建筑材料划分的，通常可分为以下几种。

（1）钢结构　指主要承重部分为钢梁、钢柱、构架，有时也配合钢筋混凝土楼层，也可在钢梁上使用木质楼层。特别是大跨度钢结构的厂房、场馆和坚固的建筑，使用上述材料，且一般使用年限在 100 年以上。

（2）钢、钢筋混凝土结构　这种框架式结构主要是钢筋混凝土承重和较轻的钢梁部分，一般跨度在 6m 以上，使用年限通常在 80 年以上。

（3）钢筋混凝土结构　全部或承重部分为钢筋混凝土结构，包括框架大板与框架轻板结构等房屋，这类房屋一般装修良好，设备齐全，使用年限一般在 60～80 年。

（4）混合结构，亦称砖混结构　主要是砖墙承重，部分钢筋混凝土结构。外墙部分砌砖、水刷石、水泥抹面、涂料粉刷或清水墙等住宅或其他房屋，不管有无阳台、单元或非单元式，均为混合结构，使用年限为 40～60 年。

（5）砖木结构　墙身承重部分选用砖、石料或木质梁柱，楼板选用木料或其他材料，结构正规，顶层通常用瓦顶，无论楼房或平房，也不管室内装修如何，均属砖木结构，使用年限一般为 30～50 年。

（6）其他结构　除上述五种外的其他简易建筑，如简易楼房、平房、木板房、竹木房、砖坯房、土草房、砖拱结构和窑洞等，使用年限为 10～20 年。

8.2　房屋调查

建筑物、构筑物是土地上非常重要的附着物，也是地籍资料不可缺少的重要组成部分。建筑物、构筑物调查是一项十分细致严肃的工作，同时也是一项准确性、技术性要求都很高的调查工作，为此调查人员必须予以充分的重视。建筑物、构筑物情况调查成果资料的好坏将影响地籍内容的准确性，也将直接影响到房地产登记和管理工作。一般情况下，构筑物主要指道路、桥梁、堤坝、水闸等，建筑物主要指房屋。下面主要介绍房屋情况的调查。

8.2.1　与房屋有关的名词解析

（1）假层　指房屋的最上一层，四周外墙的高度一般低于正式层外墙的高度，内部房间利用部分屋架空间构成的非正式层，其高度大于 2.2m 的部分，面积不足底层 1/2 的叫做假层。

（2）气屋　利用房屋的人字屋架下面的空间建成，并设有老虎窗的叫做气屋。

（3）夹层和暗楼　建筑设计时，安插在上下两层之间的房屋叫做夹层。房屋建成后，利用室内上部空间添加建成的房间叫做暗楼。

（4）过街楼和吊楼　横跨里巷两边房屋建造的悬空房屋叫做过街楼。一边依附于相邻房屋，另一边有支柱建筑的悬空房屋叫做吊楼。

（5）阳台　房屋建筑的上层，伸出屋外的部分，作为吸收阳光和纳凉使用的叫做阳台或眺台。阳台分为：外（凸）阳台、内（凹）阳台、凸凹阳台。绘图时应把突出墙面的部位绘成虚线。

（6）天井和天棚　房屋内部的小块空间，无盖见天的叫做天井。天井上有透明顶棚覆盖的叫天棚。

8.2.2 房屋调查的内容

按地籍的定义，房屋调查的内容包括五个方面：房屋的权属、位置、数量、质量和利用现状。

（1）房屋的权属　房屋的权属包括权利人、权属来源、产权性质、产别、墙体归属、房屋权属界线草图。

① 权利人　房屋权利人是指房屋所有权人的姓名。私人所有的房屋，一般按照产权证件上的姓名登记，若产权人已死亡则注明代理人的姓名；产权共有的，应注明全体共有人姓名；房屋是典当或抵押的，应注明典当或抵押人姓名及典当或抵押情况；产权不清或无主的可直接注明产权不清或无主，并作简要说明；单位所有的房屋，应注明单位全称；两个以上单位共有的，应注明全体共有单位全称。

② 权属来源　房屋的权源是指产权人取得房屋产权的时间和方式，如继承、购买、赠予、交换、自建、翻建、征用、收购、调拨、价拨、拨用等。

③ 产权性质　房屋产权性质是按照我国社会主义经济三种基本所有制的形式，对房屋产权人占有的房屋进行所有制分类，共划分为全民（全民所有制）、集体（集体所有制）、私有（个体所有制）等三类。外产、中外合资产不进行分类，但应按实际注明。

④ 产别　房屋产别是根据产权占有和管理不同而划分的类别。按两级分类，一级分 8 类，二级分 4 类，具体分类标准及编号见表 8-1。

⑤ 墙体归属　房屋墙体归属是指四面墙体所有权的归属，一般分三类：自有墙、共有墙、借墙。在房屋调查时应根据实际的墙体归属分别注明。

⑥ 房屋权属界线示意图　房屋权属界线示意图是以房屋权属单元为单位绘制的略图，表示房屋的相关位置，其内容有房屋权属界线、共有共用房屋权属界线以及与邻户相连墙体的归属、房屋的边长，对有争议的房屋权属界线应标注争议部位，并作相应的记录。

⑦ 房屋权属登记情况　若房屋原已办理过房屋所有权登记的，在调查表中注明《房屋所有权证》证号。

（2）房屋的位置　房屋的位置包括房屋的坐落、所在层次。

① 房屋坐落　房屋坐落是描述房屋在建筑地段的位置，是指房屋所在街道的名称和门牌号。房屋坐落在小的里弄、胡同或小巷时，应加注附近主要街道名称；缺门牌号时，应借用毗连房屋门牌号并加注东、南、西、北方位；当一幢房屋坐落在两个或两个以上街道或有两个以上门牌号时，应全部注明；单元式的成套住宅，应加注单元号、室号或产号。

② 所在层次　所在层次是指权利人的房屋在该幢的第几层。

（3）房屋的质量　房屋的质量包括层数、建筑结构、建成年份。

① 层数　房屋的层数是指房屋的自然层数，一般按室内地坪以上起计算层数。当采光窗在室外地坪线以上的半地下室，室内层高在 2.2m 以上的，则计算层数。地下层、假

表 8-1　房屋产别分类标准

一级分类		二级分类		含　义
编号	名称	编号	名称	
10	国有房产			指归国家所有的房产。包括自政府接管、国家经租、收购、新建以及国有单位用自筹资金建设或购买的房产
		11	直管产	指由政府接管、国家经租、收购、新建、扩建的房产（房屋所有权已正式划拨给单位的除外），大多数由政府房地产管理部门直接管理、出租、维修，部分免租拨借给单位使用
		12	自管产	指国家划拨给全民所有制单位所有以及全民所有制单位自筹资金购建的房产
		13	军产	指中国人民解放军部队所有的房产，包括由国家划拨的房产、利用军费开支或军队自筹资金购建的房产
20	集体所有房产			指城市集体所有制单位所有的房产，即集体所有制单位投资建设、购买的房产
30	私有房产			指私人所有的房产，包括中国公民、海外华侨、在华外国侨民、外国人所投资建造、购买的房产，以及中国公民投资的私营企业（私营独资企业、私营合伙企业和私营有限公司）所投资建造、购买的房产
		31	部分产权	指按照房改政策，职工个人以标准价购买的住房，拥有部分产权
40	联营企业房产			指不同所有制性质的单位之间共同组成新的法人型经济实体所投资建造、购买的房产
50	股份制企业房产			指股份制企业所投资建造或购买的房产
60	港、澳、台投资房产			指港、澳、台地区投资者以合资、合作或独资在祖国大陆举办的企业所投资建造或购买的房产
70	涉外房产			指中外合资经营企业、中外合作经营企业和外资企业、外国政府、社会团体、国际性机构所投资建造或购买的房产
80	其他房产			凡不属于以上各类别的房屋，都归在这一类，包括因所有权人不明，由政府房地产管理部门、全民所有制单位、军队代为管理的房屋以及宗教、寺庙等房屋

层、夹层、暗楼、装饰性塔楼以及突出层面的楼梯间、水箱间均不计算层数。屋面上添建的不同结构的房屋不计算层数，但仍需测绘平面图且计算建筑面积。

②　建筑结构　根据房屋的梁、柱、墙及各种构架等主要承重结构的建筑材料确定房屋的结构，房屋结构的分类标准和编号见表 8-2。

表 8-2　房屋建筑结构分类标准

类型		内　容
编号	名称	
1	钢结构	承重的主要结构是用钢材料建造的，包括悬索结构
2	钢、钢筋混凝土结构	承重的主要结构是用钢、钢筋混凝土建造的。如一幢房屋一部分梁柱采用钢筋混凝土构架建造
3	钢筋混凝土结构	承重的主要结构是用钢筋混凝土建造的，包括薄壳结构、大模板现浇结构及使用滑模、开板等先进施工方法施工的钢筋混凝土结构的建筑物
4	混合结构	承重的主要结构是用钢筋混凝土和砖木建造的。如一幢房屋的梁是用钢筋混凝土制成，以砖墙为承重墙，或者梁用木材制造，柱用钢筋混凝土建造
5	砖木结构	承重的主要结构是用砖、木材建造的。如一幢房屋是木制房架、砖墙、木柱建造的
6	其他结构	凡不属于上述结构的房屋都归此类。如竹结构、砖拱结构、窑洞等

一幢房屋一般只有一种建筑结构，若房屋中有两种或两种以上建筑结构组成，如能分清楚界线的，则分别注明结构，否则以面积较大的结构为准。

③ 建成年份　房屋的建成年份是指实际竣工年份。拆除翻建的，应以翻建竣工年份为准。一幢房屋有两种以上建筑年份，应分别调查注明。

（4）房屋的用途　房屋的用途是指房屋目前的实际用途，也就是指房屋现在的使用状况。房屋的用途按两级分类，一级分 8 类，二级分 28 类，具体分类标准及编号见表 8-3。一幢房屋有两种以上用途的，应分别调查注明。

表 8-3　房屋用途分类

一级分类		二级分类		内　　容
编号	名称	编号	名称	
10	住宅	11	成套住宅	指有若干卧室、起居室、厨房、卫生间、室内走道或客厅等组成的供一户使用的房屋
		12	非成套住宅	指人们生活起居的但不成套的房屋
		13	集体宿舍	指机关、学校、企事业单位的单身职工、学生居住的房屋。集体宿舍是住宅的一部分
20	工业	21	工业	指独立设置的各类工厂、车间、手工作坊、发电厂等从事生产活动的房屋
		22	公用设施	指自来水、泵站、污水处理、变电、燃气、供热、垃圾处理、环卫、公厕、殡葬、消防等市政公用设施的房屋
	交通	23	铁路	指铁路系统从事铁路运输的房屋
		24	民航	指民航系统从事民航运输的房屋
		25	航运	指航运系统从事水路运输的房屋
		26	公交运输	指公路运输公共交通系统从事客、货运输、装卸、搬运的房屋
	仓储	27	仓储	指用于储备、中转、外贸、供应等各种仓库、油库用房
30	商业	31	商业服务	指各类商店、门市部、饮食店、粮油店、菜场、理发店、照相馆、浴室、旅社、招待所等从事商业和为居民生活服务的房屋
		32	经营	指各种开发、装饰、中介公司从事经营业务活动所用的场所
		33	旅游	指宾馆饭店、乐园、俱乐部、旅行社等主要从事旅游服务所用的房屋
	金融	34	金融保险	指银行、储蓄所信用社、信托公司、证券公司、保险公司等从事金融服务所用的房屋
	信息	35	电讯信息	指各种邮电、电讯部门、信息产业部门，从事电信与信息工作所用的房屋
40	教育	41	教育	指大专院校、中等专业学校、中学、小学、幼儿园/托儿所、职业学校、业余学校、干校、党校、进修学校、工读学校、电视大学等从事教育所用的房屋
	医疗卫生	42	医疗卫生	指各类医院、门诊部、卫生所（站）、检（防）疫站、保健院（站）、疗养院、医学化验、药品检验等医疗卫生视构从事医疗、保健、防疫、检验所用的房屋
	科研	43	科研	指各类从事自然科学、社会科学等研究设计、开发所用的房屋
50	文化	51	文化	指文化馆、图书馆、展览馆、博物馆、纪念馆等从事文化活动所用的房屋
		52	新闻	指广播电视台、电台、出版社、报社-杂志社电通讯社、记者站等从事新闻出版所用的房屋
	娱乐	53	娱乐	指影剧院、游乐场、俱乐部、剧团等从事文娱演出所用的房屋
		54	园林绿化	是指公园、动物园、植物园、陵园、苗圃、花园、风景名胜、防护林等所用的房屋
	体育	55	体育	指体育场、馆、游泳池、射击场、跳伞塔等从事体育所用的房屋
60	办公	61	办公	指党、政机关、群众团体、行政事业等单位所用的房屋

续表

一级分类		二级分类		内　　容
编号	名称	编号	名称	
70	军事	71	军事	指中国人民解放军军事机关、营房、阵地、基地、机场电码头、工厂、学校等所用的房屋
80	其他	81	涉外	指外国使、领馆、驻华办事处等涉外所用的房屋
		82	宗教	指寺庙、教堂等从事宗教活动所用的房屋
		83	监狱	指监狱、看守所、劳改场(所)等所用的房屋

（5）房屋的数量　房屋的数量包括建筑占地面积、建筑面积、使用面积、共有面积、产权面积、宗地内的总建筑面积（简称总建筑面积）、套内建筑面积等。

① 建筑占地面积（基底面积）　房屋的建筑占地面积是指房屋底层外墙（柱）外围水平面积，一般与底层房屋建筑面积相同。

② 建筑面积　建筑面积是指房屋外墙（柱）勒脚以上各层的外围水平投影面积，包括阳台、挑廊、地下室、室外楼梯等，且具备有上盖，结构牢固，层高 2.2m 以上（含 2.2m）的永久性建筑。每户（或单位）拥有的建筑面积叫分户建筑面积。平房建筑面积指房屋外墙勒脚以上的墙身外围的水平面积，楼房建筑面积则指各层房屋墙身外围水平面积的总和。建筑面积包括使用面积和共有面积两个部分。

③ 使用面积　使用面积是指房屋户内全部可供使用的空间面积，按房屋的内墙面水平投影计算，包括直接为办公、生产、经营或生活使用的面积和辅助用房的厨房、厕所或卫生间以及壁柜、户内过道、户内楼梯、阳台、地下室、附层（夹层）、2.2m 以上（指建筑层高，含 2.2m，以下同）的阁（暗）楼等面积。

④ 共有面积　共有面积是指各产权主共同占有或共同使用的建筑面积，主要包括有：层高超过 2.2m 的单车库、设备层或技术层、室内外楼梯、楼梯悬挑平台、内外廊、门厅、电梯及机房、门斗、有柱雨篷、突出屋面有围护结构的楼梯间、电梯间及机房、水箱等面积。

⑤ 房屋的产权面积　房屋的产权面积是指产权主依法拥有房屋所有权的房屋建筑面积。房屋产权面积由直辖市、市、县房地产行政主管部门登记确权认定。

⑥ 总建筑面积　总建筑面积等于计算容积率的建筑面积和不计算容积率的建筑面积之和。计算容积率的建筑面积包括使用建筑面积（含结构面积)(以下简称使用面积)、分摊的共有面积（以下简称共有面积）和未分摊的共有面积。面积测量计算资料中要明确区分计算容积率的建筑面积和不计算容积率的建筑面积。

⑦ 成套房屋的建筑面积　成套房屋的套内建筑面积由套内房屋的使用面积，套内墙体面积，套内阳台面积三部分组成。

⑧ 套内房屋使用面积　套内房屋使用面积为套内房屋使用空间的面积，以水平投影面积为准，按以下规定计算：套内使用面积为套内卧室、起居室、门厅、过道、厨房、卫生间、厕所、贮藏室、壁橱和壁柜等空间面积的总和。套内楼梯按自然层数的面积总和计入使用面积。不包括在结构面积内的套内烟囱、通风道、管道井均计入使用面积。内墙面装饰厚度计入使用面积。

⑨ 套内墙体面积 套内墙体面积是套内使用空间周围的围护或承重墙体或其他承重支撑体所占的面积，其中各套之间的分割墙和套与公共建筑空间的分割墙以及外墙（包括山墙）等共有墙，均按水平投影面积的一半计入套内墙体面积。套内自有墙体按水平投影面积全部计入套内墙体面积。

⑩ 套内阳台建筑面积 套内阳台建筑面积均按阳台外围与房屋墙体之间的水平投影面积计算。其中封闭的阳台按水平投影全部计算建筑面积，未封闭的阳台按水平投影的一半计算建筑面积。

8.2.3 房产要素的编号

（1）房产编号 这里的房产是指一个宗地内的房产。

房产编号全长 17 位，字符型，如表 8-4 所示。编号前第 13 位为该房产或户地所属宗地的编号。第 14 位为特征码（二值型）以"0"代表房产，以"1"代表户地（宅基地）。第 15、16、17 三位为该房产或户地在所属地块范围内按"弓"型顺序编的房产序号或户地序号。户地指农村居民点的宅基地。

表 8-4 房产编号

第 1～13 位	第 14 位	第 15、16、17 位
宗地编号①	（一位数字）房产"0"，户地"1"	房产序号（三位数字）000～999

① 第 1、2 位（省级代码）；第 3、4 位（城市级代码）；第 5、6 位（县、县级市、区级代码）；第 7、8 位（街道、镇、乡级代码）；第 9、10 位（街坊、行政村级代码）；第 11、12、13 位宗地序号。

（2）房屋及构筑物要素编号 房屋及构筑物编号可依据《房产测量规范》（GB/T 17986—2000）的有关规定进行编制。

房屋、构筑物编号全长 9 位，字符型，如表 8-5 所示。第 1、2 位，房屋产别，用二位数字表示到二级分类。第 3 位，房屋结构，用一位数字表示。第 4、5 位，房屋层数，

表 8-5 建筑物及构筑物编号

第 1,2 位		第 3 位		第 4,5 位		第 6,7 位		第 8,9 位	
产别（二位）		结构（一位）		层次（二位）		建成年限（二位）		房屋用途（二位）	
10	国有房产	1	钢结构	01	1 层	00	1900 年	11	成套住宅
11	直管产	2	钢、钢筋混凝土结构	02	2 层			12	非成套住宅
12	自管产	3	钢筋混凝土结构			85	1985 年	13	集体宿舍
13	军产	4	混合结构	99	99 层			21	工业
20	集体所有房产	5	砖木结构	A0	100 层	99	1999 年	22	公用设施
30	私有房产	6	其他结构			A0	2000 年	23	铁路
31	部分产权			A9	109 层			24	民航
40	联营企业房产			B0	110 层	A9	2009 年		
50	股份制企业房产					B0	2010 年		
70	涉外房产			B9	119 层				
80	其他房产			C0	120 层	B9	2019 年		
						C0	2020 年		
				C9	129 层	C9	2029 年		

用二位字符表示，1～99 层用 1～99 表示，100 层以上（含 100 层）用字母加数字表示，如 100 层用"A0"表示，115 层用"B5"表示，其中 A 代表"10"，B 代表 11，依次类推。

第 6、7 位，建成年限，用二位字符表示，取建成年份末两位数。如"85"代表 1985 年建成，对 1999 年以后建成的房屋用字母加数字表示，如"A0"代表 2000 年（1900＋100＝2000），上特殊注记。第 8、9 位，房屋用途用二位数字表示到二级分类。

8.3 共有面积的分摊

8.3.1 共有面积的含义

8.3.1.1 共有面积的构成

共有面积由两部分构成，即应分摊的共有面积和不应分摊的共有面积。

应分摊的共有面积主要有室内外楼梯、楼梯悬挑平台、内外廊、门厅、电梯房及机房，多层建筑物中突出屋面结构的楼梯间、有维护结构的水箱等。

不应分摊的共有面积是前款所列之外，建筑报建时未计入容积率的共有面积和有关文件规定不进行分摊的共有面积，包括机动车库、非机动车库、消防避难层、地下室、半地下室、设备用房、梁底标高不高于 2m 的架空结构转换层和架空作为社会公众休息或交通的场所等。

在房屋面积计算时，对于应分摊的共有面积，如果多个权利人拥有一栋房屋，则要求分户分摊；如果一个权利人拥有一栋房屋，则要求分层分摊，即使用面积按层计算，房屋的共有面积按层分摊。

8.3.1.2 共有面积的作用

由于房地产市场交易、抵押贷款等适应社会经济发展的各种经济活动形式的存在，对应分摊共有面积进行分摊时必须符合有关法律、法规的要求，严格按技术规程的要求进行计算。

如某权利人在房地产市场上购得楼房的某一层或某一间或某一套（在第 i 层，$i \geqslant 2$）的房地产时，在其合约上只有使用面积而无共有面积说明，则在法律上这个权利人将无法利用他所拥有的楼层，因为他不能通过他那层以下楼层的楼梯或电梯（共有面积），这些楼梯都是作为共有面积各自计入本层的使用面积。对于房地产抵押贷款也是如此。当某权利人用其拥有的房地产作不动产抵押贷款时，出现以上情形，在无力偿还贷款时，银行把房地产拿到市场交易后所带来的后果仍如前述一样。因此共有分摊面积有它的法律基础和实际使用价值。

无论从理论上，还是从实际情况看，自然层数等于或大于 2 的建筑物，一定有共有面积。如果在房屋调查报告中无共有面积，则这份报告是不合格的，是不能使用的。

8.3.2 应分摊共有面积的分摊原则

（1）按文件或协议分摊 有面积分割文件或协议的，应按其文件或协议分摊。这种情况一般是对一栋房屋有两个以上权利人而言，在实际情况中并不多见。

（2）按比例分摊　无面积分割文件或协议的，按其使用面积的比例进行分摊，即

$$各单元应分摊的共有面积＝分摊系数 K×各单元套内建筑面积$$

式中，$K＝$应分摊的共有面积/各单元套内建筑面积之和。

（3）按功能分摊　对有多种不同功能的房屋（如综合楼、商住楼等），共有面积应参照其服务功能进行分摊。

① 对服务于整个建筑物所有使用功能的共有面积应共同分摊，否则按其所服务的建筑功能分别进行分摊。

② 住宅平面以外，仅服务于住宅的共有面积（电梯房、楼梯间除外）应计入住宅部分进行分摊。住宅平面以外的电梯间、楼梯间，仅服务于住宅部分，但其通过其他建筑功能的楼层，则按住宅部分面积和其他建筑面积的各自比例分配相应的分摊面积。

③ 建筑物报建时计入容积率的其他共有面积均应分摊。

④ 共有面积的分摊除有特殊规定外，一般按所服务的功能进行分摊，分摊时凡属本层的共有面积只在本层分摊，服务于整栋的共有面积整栋分摊，只为某部分功能服务的公共部分只在该部分分摊。

另外，建筑物天顶部分的共有面积，如无特别要求，无条件整栋建筑物分摊。

8.3.3　应分摊共有面积的区分及分摊方法

在房屋调查过程中，各式各样的建筑物都有，其共有面积的服务功能区分也比较复杂，正确的区分及计算是保证房屋面积测算正确的关键。根据实际情况，不管房屋结构有多复杂，其综合概念图形可表示成图 8-1 和图 8-2。

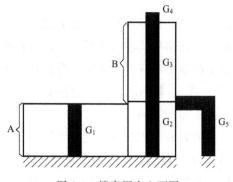

图 8-1　楼房概念立面图

图 8-1 为一综合概念楼立面图。A 为裙楼，B 为塔楼，A、B 两部分功能不一样，G_i（i 为 1～5）为应分摊的共有面积，其中 G_4 为天顶部分共有面积，G_5 为不通过 A 部分的共有面积。5 个部分的共有面积可以有如下分摊组合。

（1）G_1 只服务于 A 部分，则只在 A 部分分摊；

（2）G_1 只服务于 B 部分，但通过 A，则由 A、B 两部分按比例分摊；

（3）G_2 只服务于 B 部分，但通过 A，则由 A、B 两部分按比例分摊；

（4）G_2 同时服务于 A、B 两部分，则整栋分摊；

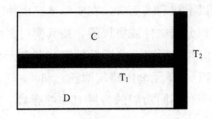

图 8-2　楼房概念层面图

（5）G_3只服务于 B 部分，则只在 B 部分分摊；

（6）G_4为天顶部分，整栋分摊；

（7）G_5只服务于 B 部分，但不通过 A，则只在 B 部分分摊。

对于图 8-2，为某栋房屋第 i 层建筑平面示意图，T_2为在整栋房屋中本层应分得的共有面积。T_1为本层的共有面积，仅服务于 C、D 两部分，C、D 两部分为本层功能不同或权利人不同的使用面积，而 $C+D+T_1$相对于整栋房屋来说又是使用面积。在该图中，T_1+T_2作为本层的共有面积；分摊到 C、D 两部分。

以上两图只是一个综合表示，但无论多复杂的共有面积分摊计算都可由以上说明推出。由图面分析也可以看出，根据面积计算要求不一样，其共有面积是有相对性的，并不是绝对的，这是应分摊共有面积的一个显著特点。

8.3.4　应分摊共有面积的特点

（1）产权是共有的　应分摊的共有面积其产权归属应属建筑物内部参与分摊共有面积的所有业主拥有，物业管理部门及用户不得改变其功能或有偿出租（售）。对于不应分摊的共有面积也是如此。

（2）应分摊共有面积的相对性　这一点在前一部分已有具体说明，这里实质上反映了在一栋房屋内拥有共有面积的实际情况。在图 8-2 中，T_2是整栋房屋的权利人在法律意义上都拥有的使用面积，数量上归第 i 层所有，而第 i 层的 C、D 权利人同样拥有其他各层的与 T_2性质相同的共有面积。而 T_1却不同，它只能是 C、D 两部分的权利人所共同拥有的面积，本栋楼其他权利人是不能拥有的。

（3）各权利人拥有的应分摊共有面积在空间上是无界的。各权利人对共有面积只有拥有数量上的表达，而无空间位置界线的准确表达。

（4）从理论上讲，任何建筑物都有使用面积和共有面积。实际上无共有面积的建筑物是极少的，也是限于只有一层的建筑物。因此，一份房屋调查报告有无共有面积是其完整性和法律性的重要体现，也是办理房地产交易、抵押等手续时在法律上的要求。

8.4　建筑面积计算

8.4.1　计算全建筑面积的范围

（1）单层建筑物，不论其高度如何均按一层计算，其建筑面积按建筑物外墙勒脚以上的外围水平面积计算；单层建筑物内如带有部分楼层者，亦应计算建筑面积。

（2）高低联跨的单层建筑物，如需分别计算建筑面积，高跨为边跨时，其建筑面积按勒脚以上两端山墙外表面间的水平长度，乘以勒脚以上外墙表面至高跨中柱外边线的水平宽度计算；当高跨为中跨时，其建筑面积按勒脚以上两端山墙外表面间的水平长度，乘以中柱外边线的水平宽度计算。

（3）多层建筑物的建筑面积按各层建筑面积总和计算，其第一层按建筑物外墙勒脚以上外围水平面积计算，第二层及第二层以上按外墙外围水平面积计算。

（4）地下室、半地下室、地下车间、仓库、商店、地下指挥部等及相应出入口的建筑面积，按其上口外墙（不包括采光井、防潮层及其保护墙）外围的水平面积计算。

（5）坡地建筑物利用吊脚做架空层加以利用且层高超过2.2m的，按围护结构外围水平面积计算建筑面积。

（6）穿过建筑物的通道，建筑物内的门厅、大厅，不论其高度如何，均按一层计算建筑面积。门厅、大厅内回廊部分按其水平投影面积计算建筑面积。

（7）图书馆的书库按书架层计算建筑面积。

（8）电梯井、提物井、垃圾道、管道井、烟道等均按建筑物自然层计算建筑面积。

（9）舞台灯光控制室按围护结构外围水平面积乘以实际层数计算建筑面积。

（10）建筑物内的技术层或设备层，层高超过2.2m的，应按一层计算建筑面积。

（11）突出屋面的有围护结构的楼梯间、水箱间、电梯机房等按围护结构外围水平面积计算建筑面积。

（12）突出墙外的门斗按围护结构外围水平面积计算建筑面积。

（13）跨越其他建筑物的高架单层建筑物，按其水平投影面积计算建筑面积。

8.4.2 计算一半建筑面积的范围

（1）用深基础做地下室架空加以利用，层高超过2.2m的，按架空层外围的水平面积的一半计算建筑面积。

（2）有柱雨篷按柱外围水平面积计算建筑面积；独立柱的雨篷按顶盖的水平投影面积的一半计算建筑面积。

（3）有柱的车棚、货棚、站台等按柱外围水平面积计算建筑面积；单排柱、独立柱的车棚、货棚、站台等按顶盖的水平投影面积的一半计算建筑面积。

（4）封闭式阳台、挑廊，按其水平面积计算建筑面积。凹阳台、挑阳台，有柱阳台按其水平投影面积的一半计算建筑面积。

（5）建筑物墙外有顶盖和柱的走廊、檐廊按其投影面积的一半计算建筑面积。

（6）两个建筑物间有顶盖和柱的架空通廊，按通廊的投影面积计算建筑面积。无顶盖的架空通廊按其投影面积的一半计算建筑面积。

（7）室外楼梯作为主要通道和用于疏散的均按每层水平投影面积计算建筑面积；楼内

楼梯、室外楼梯按其水平投影面积的一半计算建筑面积。

8.4.3 不计算建筑面积的范围

（1）突出墙面的构件配件和艺术装饰，如柱、垛、勒脚、台阶、挑檐、庭园、无柱雨篷、悬挑窗台等。

（2）检修、消防等用的室外爬梯。

（3）层高在 2.2m 以内的技术层。

（4）没有围护结构的屋顶水箱，建筑物上无顶盖的平台（露台）。舞台及后台悬挂幕布、布景的天桥、挑台。

（5）建筑物内外的操作平台、上料平台，及利用建筑物的空间安置箱罐的平台。

（6）构筑物，如独立烟囱、烟道、油罐、贮油（水）池、贮仓、园库、地下人防干、支线等。

（7）单层建筑物内分隔的操作间、控制室、仪表间等单层房间。

（8）层高小于 2.2m 的深基础地下架空层、坡地建筑物吊脚、架空层。

（9）建筑物层高 2.2m 及以下的均不计算建筑面积。

8.5 房产调查的技术要求

在现场调查中要在草图中记上门牌号、街坊名称、业主（单位）名称、四至业主名称、幢号、房屋结构、层数，并注明界墙归属，门窗装修等情况。非城市住宅区中毗连成片的私人住宅房，应调查其四墙归属，并按四墙归属丈量其建筑面积。

在房屋面积统一调查之前，已签订《购房合同书》，或已办了《房屋所有权证》的，按原合同或房屋证的面积为准。

在地籍调查过程中，已有资料中有建筑面积，要清楚查实建筑面积的来源。如原数据是未按技术要求调查计算而得，是采用框算数据、自报数据的，要重新调查，把建筑面积更新为准确数据。

建筑面积调查采用钢卷尺（或手持测距仪）实地量算法。丈量用的钢卷尺需进行检校，检校合格后方能使用。遇到房屋现状变化，应先绘草图，将房屋的平面图形和边长尺寸等记载在草图上。丈量边长读数取至厘米。边长要进行两次丈量，两次丈量结果较差应符合下式规定：$\Delta D \leqslant \pm 0.004 \times D$。$D$ 的单位为 m。

房屋面积测算的中误差 M_P 按式（8-1）计算：

$$M_P = \pm(0.04\sqrt{P} + 0.003P) \tag{8-1}$$

式中，P 表示房屋面积，m^2。

房屋建筑面积测算的最大误差为两倍中误差。房屋建筑面积使用的单位为 m^2，面积数值取位至 $0.1m^2$。房屋建筑面积调查后应绘制房屋调查图，并填写房产调查表，如表 8-6 所示。

表 8-6　房产调查表

市区名称与代码＿＿＿＿　房产区号＿＿＿＿　房产分区号＿＿＿＿　丘号＿＿＿　序号＿＿＿

坐落			区(县)	街道(镇)	胡同(街巷)号					邮政编码	
产权主					住址						
用途					产别				电话		

	幢号	权号	户号	总层数	所在层次	建筑结构	建成年份	占地面积(m²)	使用面积(m²)	建筑面积(m²)	墙体归属				产权来源
											东	南	西	北	
房屋状况															

房屋权属界线示意图		附加说明	
		调查意见	

调查者：　　年　　月　　日

8.6　房产图的测绘

房产图是房产产权、产籍管理的基础资料，是全面反映土地和房屋基本情况和权属界线的专用图件，也是房产测量的主要成果。按房产管理的需要，房产图可分为房产分幅平面图（以下简称分幅图）、房产分宗平面图（以下简称分宗图）和房产分户平面图（以下简称分户图）。分幅图是全面反映房屋及其用地的位置和权属等状况的基本图，是绘制分宗图和分户图的基础资料。

8.6.1　房产分幅图的测绘

原则上，分幅图是在已有地籍图的基础上加房产调查的成果制作而成，也可以以地形图为基础测制分幅图，还可以单独测绘分幅图。

分幅图上主要表示房产管理需要的各项地籍要素和房产要素，如控制点、行政境界、宗地界线、房屋、房屋附属设施和房屋维护物、宗地号、幢号、房产权号、门牌号、房屋产别、结构、层数、房屋用途和用地分类等。这些内容要根据调查的资料以及相应的数字、文字和符号在图上加以表示。房产分幅平面图样图见图 8-3。

8.6.2　房产分宗图的测绘

分宗图是分幅图的局部图件，是绘制房产权证附图的基本图。

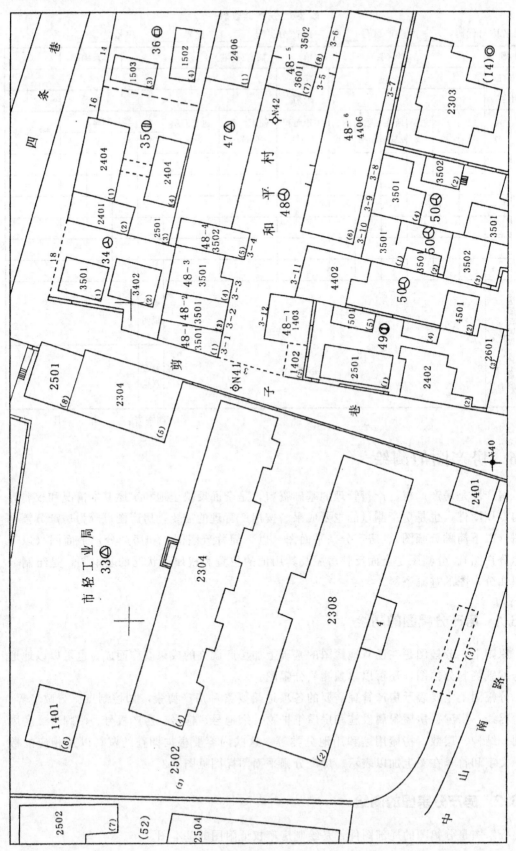

图 8-3 房产分幅平面图样图

（1）分宗图测绘的有关规定

分宗图是分幅图的局部图件，它的坐标系与分幅图的坐标系一致；比例尺可根据宗地图面积的大小和需要在 1∶100～1∶1000 之间选用；幅面大小在 32 开至 4 开之间选用。分宗图可在聚酯薄膜上测绘，也可选用其他图纸，或采用计算机绘图。分宗图是房屋产权证的基本图。分宗图的测绘精度一般要求是地物点相对于邻近控制点的点位误差不超过 0.5mm。

（2）分宗图测绘的内容和要求

① 分宗图除表示分幅图的内容外，还表示房屋产权界线、界址点、挑廊、阳台、建成年份、用地面积、建筑面积、用地面积宗地界线长度、房屋边长、墙体归属和四至关系等房产要素。

② 房屋应分栋丈量边长，用地按宗地丈量边长，边长量测到 0.01m，也可以界址点坐标反算边长，对不规则的弧形，可按折线分段丈量。

③ 挑廊、挑阳台、架空通廊，以栏杆外围投影为准，用虚线表示。

④ 分宗图中房屋注记内容有产权类别、建筑结构、层数、幢号、建成年份、建筑面积、门牌号、宗地号、房屋用途和用地分类、用地面积、房屋边长、界址线长、界址点号，各项内容分别用数字注记。房产分宗平面图样图见图 8-4。

8.6.3　房产分户图的测绘

分户图是在分宗图的基础上绘制局部图，以一户产权人为单位，表示房屋权属范围内的细部图，以明确异产毗邻房屋的权属界线，供核发房屋产权证的附图使用。

8.6.3.1　分户图测绘的有关规定

（1）分户图采用的比例尺一般为 1∶200。若当房屋过大或过小，比例尺也可适当放大或缩小，也可采用与分幅图相同的比例尺。

（2）分户图的幅面规格，一般采用 32 开或 16 开两种尺寸，图纸图廓线、产权人、图号、测绘日期、比例尺、测图单位均应按要求书写。

（3）分户图图纸，一般选用厚度为 0.07～0.1mm、经定型处理变形率小于 0.02‰的聚酯薄膜，也可选用其他的图纸。

（4）分户图的方位应使房屋的主要边线与轮廓线平行，按房屋的朝向横放或竖放。分户图的方向应尽可能与分幅图一致，如果不一致，需在适当位置加绘指北方向符号。

8.6.3.2　分户图的成图方法

分户图的成图可以直接利用测绘的分幅图上属于本户地范围的部分，进行实地调查核实修测后，绘制成分户图。

在分幅图测绘完成以后，可根据户主在登记申请书指明的使用范围制作分户图。

如没有房产分幅图可以提供，而房产登记和发证工作又亟待开展，可以按房产分宗分户的范围在实地直接测绘分户图，然后再按房产分户图的要求标注相应的内容。

为了能够明确表示各户占有房地的不同情况，对分户平面图的绘制可分为下列几类：

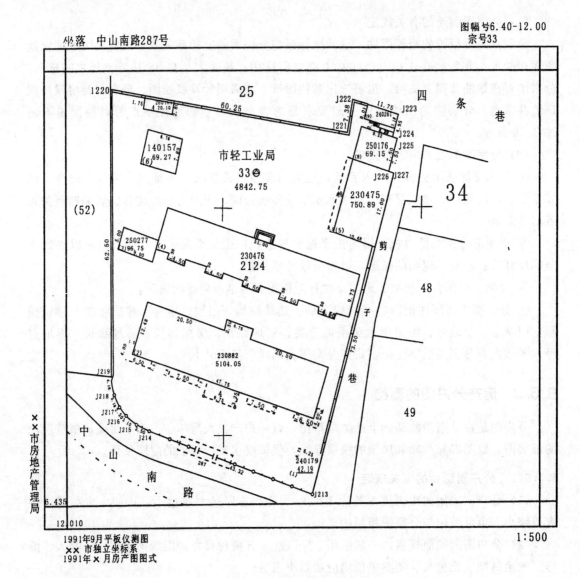

图 8-4　房产分宗平面图

（1）宗地内，房、地同属一户的。发证时，也只按用地范围复制房产分户图一份，用以表示该户占用土地和占有房产的情况。

（2）宗地内，房、地不完全同属一户的。发证时，有几户应复制几份房产分户图。这样，每户可以有一份房产分户图，用以表明各自占有的房地情况。

（3）对其中一栋房屋有几户占有的，则对该栋房屋绘几份分层分间平面图作为附图，分别表明各户占有房产的部位界线和建筑面积，以表明一户在该栋房屋中占有的房产情况。

（4）各户占有的建筑面积应按具体情况分别计算。如果各户房产是分层占有的，或各户占有的房产有明确的界线，则各户占有的建筑面积应分层或按明确界线分开计算。如各户占有的房产无明确界线，则可按各户占有的房屋使用面积的比例，分摊计算各户建筑面积。

（5）对多户共用的房屋，如果占有的部位界线不能明确划分开，则只能作为共有产一户处理，除应在图上标明共有的房屋部位共有界线和建筑面积外，还应详细记载共有人姓名，说明共有情况，如有可能应详细记载各人占有房屋比例。

8.6.3.3　分户图测绘的内容和要求

（1）分户图的内容　分户图测绘的内容主要是房屋、土地以及围护物的平面位置与各地物点之间的相对关系，并着重与房屋的权属界线、四面墙体的归属、楼梯、过道等公用部位，门牌号码、所在层次、室号或户号、房屋建筑面积和房屋边长。

（2）分户图的表示方法与测绘要求

① 分户图以宗地为单位绘制，一宗地内的房屋，不论是一户或数户所有，均绘制在一张图纸上。一个宗地内的房屋、土地如果分属二幅图上的，应绘制一张分户图上，用铅笔标定其图幅的接边线。

② 一个宗地内只有一户产权时，房屋轮廓线用实线表示；一个宗地内有数户房产权时，房屋轮廓线用房屋所有权界线表示；房屋轮廓线、房屋所有权界线与土地使用权界线重合时，用土地使用权界线表示。

③ 房屋的权属界线，包括墙体归属按图式要求表示；墙体归属应标示出自有墙、借墙、共有墙符号，楼梯、过道等共同部位在适当位置加注。

④ 房屋轮廓线长度注记在房屋轮廓线内测中间位置，注记至 0.01m。

⑤ 房屋边长应实地丈量，房屋前后、左右两相对边边长之差和整栋房屋前后、左右两相对边边长之差符合有关规定。

⑥ 不规则图形的房屋边长丈量应加辅助线，辅助线的条数等于不规则多边形边数减

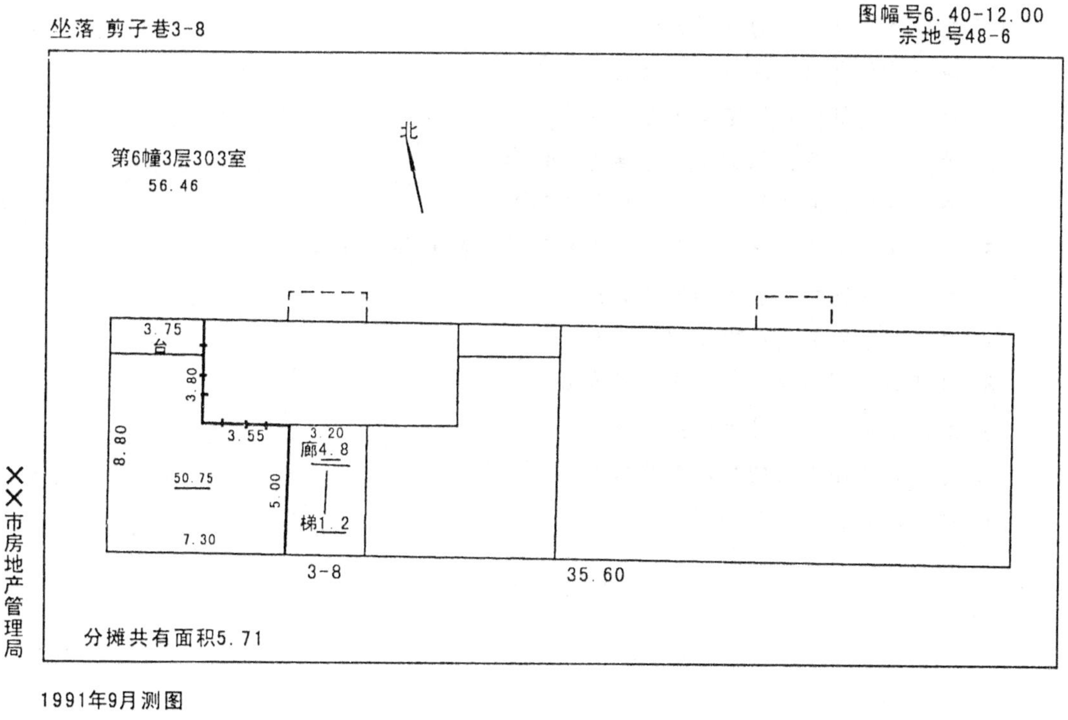

图 8-5　房屋分户平面图

3，图形中每增加一个直角，可少量一条辅助线。

⑦ 分户房屋权属面积应包括共有公用部位分摊的面积，注在房屋所在层次的下方；房屋建筑面积注在房屋图形内，下加一条横线；共有公用部位本户分摊面积注在左下角。

⑧ 户（室）号和本户所在栋号、层次注记在房屋图形上方。

房屋分户平面图如图 8-5 所示。

思考题

1. 我国的房产按其产权所有制性质可分为几个基本类型？

2. 我国的全国房屋普查的有关规定，按房屋所有权和管理的形式将产权类别分为哪些类？

3. 房屋的建筑结构类型按房屋主要承重结构通常可分为哪几种？

4. 解释假层、气层、夹层、暗楼、过街楼、吊楼、阳台、天井、天棚的含义。

5. 房屋调查的内容有哪些？

6. 房屋的用途有哪几级？

7. 房产如何编号？

8. 共有面积的含义是什么？

9. 共有面积分摊的原则有哪些？

10. 应分摊共有面积的分摊方法？

11. 应分摊共有面积的特点是什么？

12. 计算全建筑面积的范围包括哪些内容？

13. 计算一半建筑面积的范围包括哪些内容？

14. 不计算建筑面积的范围包括哪些内容？

15. 建筑面积采用什么方法测量？面积计算的限差如何计算？

16. 房产分幅图主要表示哪些内容？

17. 房产分宗图的测绘有哪些规定？

18. 房产分宗图测绘的内容与要求有哪些？

19. 房产分户图的测绘有哪些规定？

20. 房产分户图测绘的内容与要求有哪些？

21. 如何绘制房产分户图？

第 9 章　地籍与房产测绘管理

测绘管理是地籍与房产测量的重要工作环节之一，测绘成果的质量及其应用价值取决于测绘的科学管理水平。本章主要介绍测绘质量管理、测绘资料管理、地籍档案管理以及管理机构设置及其职责。

9.1　测绘质量管理

测绘质量管理主要是指测绘生产的质量管理，其内容包括：测绘产品从技术设计、新产品开发、设备材料、生产实施乃至产品使用全过程的质量管理。

测绘生产质量管理工作的主要任务是：负责测绘生产质量管理工作的立法，测绘产品质量的控制、监督与管理，建立健全测绘产品质量保证体系，制定测绘产品质量规划与计划，进行质量教育，增强质量意识，遵守职业道德，严格执行技术标准，组织测绘产品的检验和评优工作，以及广泛组织开展群众性的质量管理活动等。

9.1.1　测绘技术设计与新产品的质量管理

测绘生产单位应坚持先设计后生产，不许边设计边生产，禁止无设计就生产。技术设计中涉及放宽技术标准和改变生产工艺等问题而可能影响到产品质量时，设计书的审批应征求质量管理部门的意见。在生产中应用的新技术、开发的新产品，必须通过正式鉴定，重大技术改进应经上级主管部门批准后方可用于生产。

9.1.2　测绘生产过程中的质量管理

各级领导、管理干部、检验人员应深入作业现场，抓好每个生产环节的质量管理。参加作业及担任各级检查、验收工作的人员，要经过培训考核合格后，方可上岗工作。作业前必须组织有关人员学习技术标准、操作规程和技术设计书，并对生产使用的仪器、设备进行检验和校正。严格执行技术标准，做到有章可依，按章执行，违章必究，不准随意放宽技术标准。作业员对所完成作业的质量要负责到底。

测绘生产基层单位要结合承担的任务，成立质量管理小组，开展各种形式的质量控制活动（QC活动）。检查发现产品中的问题要提出处理意见，交被检查部门改正。当意见分歧时，检查中的问题由测绘生产单位的总工程师（主任工程师）裁决。

测绘生产单位各工序的产品必须符合相应的技术标准和质量要求，并由质检人员按规定签署意见后，方可转入下一工序使用。下工序有权返回不符合要求的产品，上工序应及时进行改正。

要保证测绘仪器、设备、工具和材料的质量，产品的品种、规格和性能应满足生产要求。仪器设备要建立定期检修保养制度。

9.1.3 测绘产品使用过程中的质量管理

测绘生产单位交付使用的产品必须是合格产品。测绘单位要主动征求用户对产品质量的意见，建立质量信息反馈网络，并为用户提供咨询服务。测绘单位应对测绘产品质量负责到底，在质量问题上与用户产生分歧，且经协商不能解决时，报用户所在地区测绘行政主管部门的质量管理机构裁决。如一方不服，可向再上一级主管部门，直至国务院测绘行政主管部门的质量管理机构申报裁定。

9.2 测绘资料管理

地籍与房产测绘成果是通过测量而获得，并经过各权利人申请登记，经主管部门逐宗审核确认后，作为核发各类不动产权证（如房屋所有权证、土地使用证等）的附图，是具有法律效力的资料。它是调解房屋产权与使用土地纠纷、审核房屋建筑是否违章等不可缺少的法定资料凭据，是房地产历史和现状的真实记录，是进行房地产管理工作的必要条件和重要依据，因此它是国家的宝贵财富，必须妥善地保管。为了完善地保存和科学地管好房地产测绘资料，要根据国务院《科学技术档案工作条例》及《城市建设档案管理条例》，并结合各地的实际情况，制定测绘资料管理办法。下面主要介绍图件、数据库的管理。

9.2.1 图件管理

（1）原图整理　经过外业测量绘制的图或者由航测内业得到的航测图，以及经过编绘得到的编绘图，都叫实测原图或编绘原图。一般有三种情况。

① 原图是胶合板图纸的，应再另行映绘一套聚酯薄膜或透明底图。因为原图是外业修测经常使用的图纸，底图是供复晒应用的图纸。

② 原图是聚酯薄膜图纸的，应根据房地产图测绘要求将其清绘着墨，使其成为复晒应用的底图，并再用底图复制一套薄膜二底图，供外业修测使用。

③ 原图是数字化图的，应妥善保存，确保安全，同时应备份多份电子版和纸质版。

为减少原图经常带出实地修测，避免磨损，在一般情况下，如果修测的面积不大，可只带复晒的蓝图修测，回来再修改原图。修测的数字化图，应及时更新原有的备份，确保现势性。

（2）绘制接合图　为了便于查找图件图幅所在地的位置和四周邻接图幅的图号，对整个测区范围应绘制一份接合图。这样不仅便于图纸的管理和使用，也便于以后修测划分分工范围，安排计划作业，而且在图上可以一目了然地看清楚整个测区图幅的分幅情况、图号和图幅的数量。

（3）图的存放　房地产图及地籍图的图纸有胶合板原图薄膜原图、薄膜底图、透明底图、薄膜二底图等多种图纸，以及数字化图电子版。各种图纸因其使用不同，应分开存放在特制的铁橱柜或木橱柜内。为了保护原图板不染灰尘和线划清晰，应将原图板用玻璃纸包好（有线划的一面），装在特制的大纸袋里，放在图柜中保存。为使图板不致受潮引起斑点和变形，图框应放在通风较好、干燥而又不受阳光直接照射的地方。原图板一律平放，最好将图柜分成小格，每格只放一板，最多也不宜超过5块。

聚酯薄膜和透明纸图应卷在硬纸圆筒上（有线划的一面朝里）存放，纸筒的直径不宜太小，以免变形及晒图时伸展不平，并应注意防潮防火。

各种复制图也应妥善保管，以提高使用率。蓝图可以折叠存放，折叠时应将图名、图号折在外面，便于查阅。

各种测量图纸在使用时必须小心爱护，更不得任意涂改和销毁，对薄膜图纸绝不允许有折叠现象，以免损坏图纸，以保证图纸的使用期限。

各种图纸要在接合图上编号，看其有无遗漏。存放方式一般有以下三种。

① 按1:500图号的顺序，分别集中一起，再按象限顺序排列存放。

② 按自然界线分幅编号的图，以行政区域为单位分区，按图幅号顺序排列存放。

③ 按坐标或行列式图幅号顺序排列存放。

（4）复晒图的装订　由于地籍及房产图是经常修测的，第一次测制完成后应复晒一套装订成册，每隔3～5年对修测后的图要再重新复晒装订一套，均做为历史资料保存，以反映演变情况。复晒图可按上述图纸存放的三种方式进行装订，用硬纸板作封面，写上象限次序、区域名称、坐标或行列式顺序，内页应附测图日期、图幅总数、图例符号及用法说明。

数字化图可直接利用绘图机打印，打印份数视具体情况而定。

（5）图的调阅　为了保持图件与实地一致，要调出修测，为了复晒使用的图纸，要调出晒制；为了处理产权相关问题，要调出查阅。总之，图纸的使用是频繁的，要加强管理。因此，须设置图纸资料室，配备专职管理人员，制定管理、调阅制度，防止遗失、损坏和泄密。

（6）图的管理

① 图纸资料室对所存放的房地产图，要按房地产资料档案纲目科学地进行分类、排列和编号，并编制必要的检索工具。对本单位科技档案要建立全宗卷，记载立档单位和全宗历史演变情况。

② 图纸库房必须坚固适用，库房内应保持适当的温度、湿度，应具有抗震、防盗、防火、防水、防潮、防尘、防虫、防鼠、防高温、防强光等设施。

③ 图纸资料室应研究和改进图纸保护技术，延长图纸的寿命，对已破损和字迹褪色的重要图纸要及时修复和复制。

④ 房地产图的保存期限鉴定工作，可不定期地由保管单位领导召集有关部门的领导、科技人员及图纸保管人员组成临时鉴定小组完成，以确定该图纸的重要程度和保管期限。对无需继续保存的图纸，必须经过鉴定，造具清册，报请主管部门批准后，方能销毁。

⑤ 图纸资料室对图纸的接收和利用等情况，要及时准确地进行统计，并按有关规定

上报。

⑥ 图纸资料室对所属图纸和资料的保管情况要进行定期检查，遇有特殊情况立即检查，及时处理。

⑦ 图纸资料室应配备足够数量并能胜任工作的管理人员。其中必须有一定数量的工程技术人员。图纸管理人员要认真执行国家档案工作的指示和规定，遵守保密制度，刻苦钻研业务，提高管理工作水平。

⑧ 积极创造条件，应用新的科学技术设备，努力实现图纸管理技术的现代化。

9.2.2　地籍数据库管理

（1）地籍数据库管理系统　地籍数据库管理系统是利用先进的计算机技术、网络技术、GIS 技术，建设准确、动态、高效的共享型地籍信息数据库，实现空间数据库共享，为国土资源、建设、规划、管理和社会各行业提供优质和高效的地理空间数据服务。系统综合运用 GIS 等先进技术，实现对地籍信息的采集、录入、处理、存储、查询、分析、显示、输出、信息更新、维护等功能。

地籍管理信息系统是适应现代地籍管理发展的需要而产生的，为国土资源管理提供了优良的工作环境、简捷的工作程序，大大缩短了工作时间，节省了大量的人力、财力和存储空间，同时可以避免资料的丢失与损坏，具有高效率、高质量和高效益等优越性。

（2）地籍数据库管理系统的组成　地籍数据库管理系统主要包括了地籍数据的整合、建库、更新和应用系统建设，地籍信息的共享服务与互联网发布系统。

① 地籍数据的整合、建库、更新及应用系统　主要包括多源数据的抽取、转换、入库，在数据更新过程中，通过多版本控制等方式，解决历史数据的回溯等；应用系统包括地籍数据在土地登记过程和建设用地审批过程中的查询、统计、输出及相关业务的各类应用等。

② 地籍信息的共享服务与互联网发布系统　是为数据的共享服务，实现面向决策、业务和社会公共的服务。因此，从数据共享的层面而言，系统应包括以下内容：地籍数据的分发服务系统、地籍数据共享服务系统、地籍数据的互联网发布系统等。

（3）地籍数据库　地籍数据库（Cadastral Data Base）是国土资源基础数据库的重要子库，它的有效管理是地籍管理信息系统应用及可持续发展的保障。地籍数据库的建设包括数据采集与质量保证、数据的组织处理、数据转换三部分，采用统一的坐标体系，将同一时点、不同尺度的地籍数据和地类、地权数据集成到一个空间/非空间数据库体系中，在统一的地籍管理信息系统软件支持下，进行地籍空间/非空间数据的输入、处理、存储、统计、分析、检索、输出及更新等统一管理。

地籍数据库的数据包括：基础数据和辅助数据。

① 基础数据　基础数据为描述土地空间位置及状态的图形数据以及地籍信息数据，图形数据包括栅格底图、地籍图、宗地图、土地利用现状图、土地级别图等；地籍信息数据包括权利人的各类信息、权属信息、宗地信息等数据。

栅格底图是可以覆盖地籍数据库全范围的栅格影像底图数据，常见的是 1：5000、

1：10000两个比例尺的影像数据。地籍图即是各比例尺的地籍图件，一个完整的地籍数据库，应能实时从数据库中调出，生成常用比例尺的地籍图件。宗地图包括两种，第一种是电子数据，也就是数字线划性质的宗地图，可以从数据库中调出，生成宗地图件；第二种是扫描图件，即原始地籍档案中的纸质宗地图，经过数字化扫描，保存到数据库中的，这是原始的档案材料。生成输出土地利用现状图、土地级别图等统计性图件，也是地籍数据库的基本功能。地籍信息数据包括权利人的姓名、身份证号码、土地坐落、地类信息、四至等信息。

② 辅助数据　辅助数据包括元数据、代码数据、统计数据等。

元数据是对数据的内容、质量、状况及其他特征的描述，包括各类数据的标志信息、采集信息、管理信息、数据集描述信息、访问信息及元数据管理信息等。代码数据包括图形要素代码、行政代码、单位代码、地类代码及单位性质、权属性质、土地使用权类型、界址线类别、界址线位置、界线性质、界标类型、界址点类型、土地级别等代码数据。统计数据包括土地统计台账、土地统计簿及其他各类地籍调查数据的土地统计数据等。此外，包括宗地图、土地登记簿、土地归户册，系统不仅需要管理与其直接相关的地籍数据，还需要记录一些派生的附属数据，如与宗地相关的地上建筑物信息、土地分类状况以及审批表意见、办理过程、收件内容等办公过程数据。

因此，在数据库设计时，要求对所有数据进行合理的分类、分装，在尽可能减少数据重复储存的前提下，充分考虑提高数据的检索速度。

（4）地籍数据库管理的原则　地籍数据库管理是一项政府职能，应遵循以下原则。

① 完整性原则　通过实时监控数据库事务（主要是更新和删除操作）的执行，来保证数据项之间的结构不受破坏，使存储在数据库中的数据正确、有效。

② 安全性原则　通过检查上机权限对各科室的不同级别数据库用户进行数据访问与存取控制来保障数据库的安全与机密。

③ 保密性原则　由于有些数据涉及安全保密的问题，如二次调查数据、土地利用规划数据、土地业务电子档案、审批成果数据、地形图、影像数据等，因此数据库的设计中要充分考虑这些数据的保密管理要求。

④ 数据备份原则　根据各个数据库的实际需要定期或实时对数据进行备份。信息管理的核心是数据安全，采用不同周期（日、周、月、季、年）进行本地或异地备份；数据出现丢失或损坏，无法修复，采用最近时间的备份文件进行还原，评估损失并补充完整。部门信息安全与保密工作负责人检查监督数据的备份、恢复和日常管理工作；备份操作员负责归档与非归档数据的备份、恢复工作。

⑤ 及时更新原则　地籍数据库的更新是对地籍数据库包含着多方面的内容进行定期和不定期的更新。栅格底图影像，一般2～3年更新一次，更新的数据源是国家土地执法检查的卫星影像及当地国土部门例行的基本比例尺影像获取项目。地籍图更新，大范围的地籍图更新，周期一般为5年，来源就是国土管理部门组织的地籍调查、地籍更新调查等工作，小范围的地籍更新依据地籍变更登记要求，对于宗地合并、分割、调整、出让、转让、继承、赠与，以及土地使用者、所有者和他项权利者更名、更址和依法变更土地用途的，应及时进行数据库更新。

9.3 地籍档案管理

9.3.1 地籍档案的概念与特点

（1）地籍档案的概念　地籍档案是指国家各级土地管理部门及所属单位中，由地籍活动直接形成的，具有保存、查考价值的历史记录。地籍档案与地籍资料不同，前者是由过去办理的直接使用完毕的并具有永久的或一定时期保存价值的，按国家立卷归档制度保存起来的地籍资料；后者则是指在地籍活动中正在使用中的各种文件资料，所以地籍资料是地籍档案的前身、来源，地籍档案则是地籍资料的归宿。但并不是所有的地籍资料都可转化成地籍档案，必须具备下列条件才可以转化成档案。

① 办理完毕的地籍资料才能成为地籍档案。在地籍管理的各项活动中，有的是需要较长的时间才能完成的，有的前项工作是后项工作的条件和基础，加之地籍活动的连续性，所以办理完毕只是相对的，是指完成某些地籍活动的规定程序，不是指全部项目的完成，更不包括后续工作的完成。各项地籍活动，凡按规定程序完成的，其整理的成果属办理完毕的地籍资料，可以归档。

② 必须具备保存价值的地籍资料才能归档。在地籍管理活动中，形成大量的地籍资料，它们具有不同的利用和保存价值。凡是具有长久效力或在一定时期内能起到查考或凭证作用的地籍资料，可转化成地籍档案；凡只有短期效用，又不具有查考凭证作用的，不具有保存价值，不必归档。

③ 按一定规律和制度保存起来的地籍资料，才能成为地籍档案。地籍档案不是一堆杂乱无章的历史记录，它必须是按照一定规律和制度进行分类、编目、立卷归档的地籍资料。

（2）地籍档案的特点

① 地籍档案具有数量大、种类多、形式多样的特点。地籍管理活动中，各项活动都形成大量的资料，所以数量相当大，另外在各项活动中形成大量的文字、数字、图片、表、卡、册、照片、航片等资料，因此形式是多种多样的。

② 地籍档案具有成套性的特点。地籍管理的各项活动不是相互分割的，而是相互联系的一个整体，因此作为地籍管理活动历史记录的地籍档案具有成套性。

③ 地籍档案具有动态性。由于自然和人为因素的影响，土地的数量、质量、权属、分类和使用状况都在不断变化，这就要求不断地对档案进行修改、补充，以维护档案的准确性和现势性。

④ 兼有文书档案和技术档案的特点。文书档案和技术档案是同属档案范畴的两种不同门类。在地籍管理活动中形成的地籍资料，不仅有大量的专业技术成果，同时还有与地籍管理活动有着直接联系的各种文书资料，如政府批件、设计任务书、工作规程和手册等。因而地籍档案不仅包括技术成果资料，也包括文书资料，因此具有技术和文书档案兼有的特点。

（3）地籍档案管理的内涵与内容　地籍档案管理是以地籍档案为对象所进行的收集整理、鉴定统计、保管利用等各项活动的总称。

地籍档案管理的基本任务是按照统一管理国家档案的原则和要求，建立健全规章制度，对档案进行科学的整理和保管，维护档案的完整和安全，为本部门及国家有关业务部门提供服务和条件。地籍档案管理的内容包括地籍档案的收集整理、分类编目、鉴定统计、保管利用等工作。

9.3.2　地籍档案的收集与整理

9.3.2.1　地籍档案的收集

地籍档案的收集是指把分散在各部门、机关、单位或个人手上的，具有保存和利用价值的地籍管理业务资料，按一定制度和要求收集齐全，系统整理和移交给档案室的工作。地籍档案的收集是地籍档案管理的起点，其工作内容包括下列三方面。

（1）对本机关形成地籍档案的接收。这部分档案是地籍档案的主体，是土地管理部门进行各项地籍活动中不断产生和形成的地籍图、表、册、卡及声像等各种形式的档案。这部分档案主要靠本机关内各有关科室日积月累的收集和积累，以及档案室对这部分档案的日常收集和接收。

（2）对撤并机关具有保存价值的地籍档案的收集。土地档案部门是由农业部门的土地管理机构和城建部门的地政机关合并而成的新部门。在单位合并以前，各自进行有关的地籍活动，相应形成了大量的地籍资料。这一部分资料也是地籍活动的历史记录，所以也应在档案收集的范围当中。

（3）对历史地籍档案的接收和收集。新中国成立前形成的，存在社会上或各团体、单位和个人手上的国家或地方地籍管理活动的历史记录称为历史地籍档案。这部分档案系统反映了我国地籍管理历史的纪实，它不仅是研究我国地籍管理史的珍贵史料，而且对解决现今有关房地产权等问题也有参考价值，因此要及时收集这部分资料。

按照集中、统一管理的原则及地籍管理的业务特点，对地籍档案的收集归档都作出了明确规定。具体内容包括以下方面。

（1）凡是土地管理机关地籍管理活动中办理完毕的具有保存价值的各种计算资料、表、册、卡、法律证明材料存根及其他、综合材料和声像等，均应归档。

（2）凡是地籍管理活动中处理和使用完毕的具有保存价值的各种图件资料，包括外业调绘图、航片、地形图、外业调查草图、清绘图、地籍原图、复制图、宗地图，以及各种成果图等，均应按规定收集归档。

（3）在地籍管理活动中形成的野外调查、测量或勘丈的记录、计算数据和成果检查、验收技术鉴定材料，以及土地权属调查、土地清查、土地登记、土地统计、土地定级估价的各种表、册、卡、台账、证明文据、协议书、原由书、仲裁书和存根等，凡对今后有参考价值的都应收集归档；凡对今后无参考价值或参考价值不大的原始资料不必收集归档；属于原始资料和成果资料之间的中间资料，凡对工作查考、经验总结具有长远保存价值的，或对整个研究过程关系密切的，都必须归档。

（4）地籍管理活动中形成的综合材料，如各项通知、决定、批示、会议记录、纪要、工作计划、总结、简报及各种培训教材、参考材料、技术规程、手册及其有关音像等，凡对今后有参考价值的都要收集归档。

（5）对于其他部门或单位送来的地籍资料，按下列具体情况决定是否归档：凡属本部门下属单位或上级部门领导机关出版的刊物、工作简报及各种条例、规程、办法、调查报告等，凡具保存价值的一律归档；凡属土地调查、土地纠纷案件处理的文件等，一律归档；凡是仅供参考或作为情报资料交流的不必归档；凡参加同一项目的协作单位，在协作中形成的全部档案原件，一律交主管单位归档保存，复制件交本单位档案室归档保存。

（6）归档时间。归档时间是指将地籍管理活动中形成的，具有保存价值的文件资料移交给档案室的时间，可分为随时归档和定期归档两种。随时归档是指在项目任务完成后，将该项目应归档的文件材料收集齐全，组成保管单位，由项目负责人审定后，向本机关档案室归档。定期归档时间一般按项目完成后的第二年或另行规定时间归档。

9.3.2.2 地籍档案的整理

地籍档案整理是指把处于零乱状况的和需要进一步条理化的档案，进行基本分类、组合、排列和编目，使之系统化、条理化的工作，档案整理是鉴定、保管、统计工作的基础，是提供利用的前提条件。

档案整理的原则是：充分利用原有基础，按照各种文字、图表、声像等文件材料的历史联系进行分门别类，使整理出的档案能够反映出地籍工作的真正面貌，便于保管、查找和提供利用。

档案整理工作主要包括：档案的分类、案卷组卷、卷内文件整理，案卷封面编目，案卷装订，案卷排列和案卷目录编写等内容。

（1）地籍档案的分类 档案分类是指全宗内档案类别的划分。所指全宗就是指一个独立的机关或著名人物在社会活动中形成的全部档案的总称。地籍档案是土地档案全宗的一部分，其分类是土地档案全宗分类的续分，主要按地籍档案的来源、时间、内容和形式上的联系和区别进行分类。

① 按立卷单位划分 土地管理部门的每一个科室是土地管理档案的立卷单位，因此可以把土地管理档案全宗按科室分成各类类别。

② 按地区划分 地籍档案可以按它涉及行政区内的每一个地域分类。

③ 按内容分类 按每一个档案所反映的内容进行分类。地籍档案可划分出土地调查类、土地分等定级类、土地登记类、土地统计类等。

④ 按时间划分 按档案形式和处理的先后顺序，以一定时间作为区分地籍档案的标志进行的分类。

⑤ 按形式分类 地籍档案的表现形式多种多样，有文书、表、册、卡、图纸、音像、计算机软盘等，每种形式可以作为一类档案。

（2）立卷 地籍档案分类后，还需要对每一类档案内相当数量的文件资料系统化，这一过程称为立卷。立卷后形成案卷。案卷是指在每一类内有密切联系的若干文件资料的组合体，是档案的基本保管单位，所以又称为保管单位。地籍资料只有经过立卷后才能归档。

立卷一般包括组卷、卷内文件资料整理和编目等工作。

① 组卷　组卷也是地籍档案的进一步分类，它主要依据地籍管理活动形成的文件资料本身的特点，将具有共同点和有机联系的一组地籍资料组合在一起，构成一个案卷。因此一个案卷必须是一组有机联系的文件资料，并尽量保持它们的系统性和完整性，一些具有不同特点和联系不密切的，或不同项的工作和具有不同保存期的地籍资料，应分别组卷，保密性不一致的也要分别组卷。组卷的方法有以下几种。

a. 按问题组卷，把同一问题的文件资料组成一个案卷，不同问题的文件资料组成不同案卷。

b. 按形成文件资料的单位组卷，按照形成地籍资料的科室，分别组卷。

c. 按地区组卷，把内容涉及同一个地区的文件资料组合在一起形成一个案卷。

d. 按时间组卷，将同一时间的资料组合成一个案卷。

在实际工作中，不能仅采用一种方法，往往是几种方法综合运用。

② 案卷文件资料的整理　指对案卷内一定页数的文件资料进行排列、编号和填写卷内目录的工作。主要工作包括以下方面。

a. 案卷内文件资料的排列；

b. 复核定卷；

c. 卷内文件编号；

d. 填写卷内目录，编号后，按顺序号填写卷内目标；

e. 填写备考表。

③ 案卷封面填写　为便于查找和利用，组卷后应填写案卷封面。主要内容包括立档单位名称、分类名称、案卷标题、卷内文件资料的起止日期、总页数、保管期限、案卷目录号和案卷号等。

④ 案卷装订　装订的方法有两种：一种是卷盒；另一种是软卷皮。

⑤ 盒内案卷目录的填写　包括顺序号、题名、日期、页号等。

⑥ 案卷排列　立卷后，确定各类案卷的先后次序和排放位置。

⑦ 卷盒封面的填写　包括全宗名称、类目名称、案卷题名、时间、保管期限、件、页数、密码、档号等。

9.3.3　地籍档案的鉴定与统计

（1）地籍档案的鉴定　地籍档案的鉴定是指对地籍档案的保存价值鉴定的工作。主要包括：制定鉴定地籍档案价值的标准和地籍管理档案的保管期限表，鉴定审核地籍档案的保存价值，确定它们的保管期限，剔除所有保管价值和保管期限已满的档案，予以销毁。

（2）地籍档案的统计　地籍档案的统计是以表册、数字的形式，反映地籍档案的有关情况，其工作主要包括对地籍档案的收进、管理、利用情况进行登记和统计两部分。

登记是对档案的收进、移出、整理、鉴定和保管的数量和状况的登记。登记的主要形式有：借阅者登记卡、阅览室入室登记簿，借阅与借出登记簿，以及档案利用效果的登记。统计内容包括：地籍档案的构成、档案利用、档案工作人员构成、档案机构建设等情况。

9.3.4 地籍档案的保管和利用

（1）地籍档案的保管　地籍档案的保管是指根据地籍档案的特点、成分和状况，采取的存放和安全保护措施。其任务是采取一切措施防止档案的损坏，延长档案的利用寿命，维护档案的完整和安全。

档案保管的主要内容包括：库房管理，档案流动过程中的保护和保护档案的专门措施。地籍档案的库房要求有良好的卫生环境条件和保持适度的温、湿度，并有防盗、防火、防晒、防尘、防害虫、防污染安全措施。要定期进行库藏档案的情况核对工作，做到账物相符。为了延长档案的使用寿命，对破损或载体变质的档案应及时修补和复制；一般档案要采用卷皮、卷盒和包装纸等材料包装；胶片、照片、磁带要采用密封盒，胶片夹。存放的地形图、地籍图、土地利用现状图一般不得外借。

（2）地籍档案的利用　地籍档案工作的最终目的是为使用者提供利用。地籍档案可以原件、复制品和缩写资料汇编及文摘等形式提供利用。为了实现提供利用，档案室应建立阅览室和借阅制度。凡利用档案的单位和个人，必须爱护档案。不得遗失、涂改、拆散、剪裁、勾画、批改和转借。档案工作人员对归还的档案要当面查清，如有损坏、任意涂改、丢失，应及时追究责任、认真处理。

9.4　机构设置及其职责

9.4.1　机构设置

测绘机构设置应根据各地测区范围的大小、任务的轻重等情况而定。其工作包括测绘、计算、登记、建档等 4 项任务，大致按每平方公里配备 1 人计算。行政管理人员约占全队人员的 $10\% \sim 20\%$。

9.4.2　主管部门质量管理职责

各级测绘行政主管部门的质量管理机构的主要职责是，贯彻国家和上级主管部门有关质量的方针政策，组织制订质量管理法规，指导帮助测绘生产单位建立全面质量保证体系；组织质量教育，检查和督促测绘生产单位坚持质量第一的方针，保证产品质量，负责组织产品的评优和质量争议的仲裁，对测绘产品质量监督检验机构进行业务指导，以及对生产单位质量指标进行考核并统计上报等。

9.4.3　单位行政领导质量管理职责

负责本单位的全面质量管理，建立健全质量保证体系，对全体职工进行经常性的质量意识和职业道德教育，深入生产第一线，检查了解产品质量状况，贯彻有关质量管理法规，保证上交产品质量全部合格，在产品的检查报告上签署意见，以及对本单位产品质量负责等。

9.4.4　单位总工程师（主任工程师）质量管理职责

负责本单位质量管理方面的技术工作，处理重大技术问题，深入生产第一线，督促生产人员严格执行质量管理制度和技术标准，及时发现和处理作业中带普遍性的质量问题，组织编写和审核技术设计书，并对设计质量负责，审定技术总结和检查报告；组织业务培训，对作业人员和质量检查人员的业务技术水平进行考核等。

9.4.5　单位质量管理检查机构的职责

负责本单位产品的最终检查，编写质量检查报告；负责制订本单位的产品质量计划和质量管理法规的实施细则；经常深入生产第一线，掌握生产过程中的质量状况，并帮助解决作业中的质量问题，组织群众性的质量管理活动；对作业和检查人员进行业务技术考核，收集产品信息等。

9.4.6　单位各级检查人员的职责

忠于职守，实事求是，不徇私情，对所检验的产品质量负责，严格执行技术标准和产品质量评定标准，深入作业现场，了解和分析影响质量的因素，督促和帮助生产单位不断提高产品的质量等，并有权越级反映质量问题。

思 考 题

1. 测绘质量管理包括哪些内容？
2. 测绘质量管理工作有哪些主要任务？
3. 测绘资料管理包括哪些内容？
4. 测绘图件管理包括哪些方面？
5. 什么是地籍数据库管理系统？
6. 什么是地籍数据库？它包括哪些数据？
7. 地籍数据库管理应遵循哪些原则？
8. 地籍档案的收集工作包括哪些方面？
9. 地籍档案如何分类？
10. 地籍档案的立卷包括哪些内容？
11. 地籍档案的鉴定包括哪些内容？
12. 地籍档案的统计包括哪些内容？
13. 地籍档案的保管工作包括哪些内容？
14. 地籍档案的利用应注意哪些事项？
15. 测绘机构设置及其职责是什么？

◆ 参考文献 ◆

［1］ 詹长根，唐祥云，刘丽．地籍测量学［M］．武汉：武汉大学出版社，2011.

［2］ 王侬，廖元．地籍测量［M］．北京：测绘出版社，1999.

［3］ 张建强．房地产测量［M］．北京：测绘出版社，1994.

［4］ 潘正风，程效军，成枢等．数字地形测量学［M］．武汉：武汉大学出版社，2015.

［5］ 葛吉奇．测量学与地籍测量［M］．西安：西安地图出版社，1999.

［6］ 王秋兵．土地资源学［M］．北京：中国农业出版社，2003.

［7］ 李新举，程琳琳．土地管理学［M］．北京：现代教育出版社，2012.

［8］ 李希灿，齐建国．测量学［M］．北京：化学工业出版社，2014.

［9］ 李希灿．测绘实训［M］．北京：化学工业出版社，2015.

［10］ 中华人民共和国国土资源部．地籍调查规程 TD/T 1001—2012［Z］．中国标准出版社，2012.

［11］ 中华人民共和国国土资源部．城镇土地分等定级规程 GB/T 18507—2014［Z］．中国标准出版社，2014.

［12］ 中华人民共和国国土资源部．农用地质量分等规程 GB/T 28407—2012［Z］．中国标准出版社，2012.

［13］ 中华人民共和国国土资源部．农用地定级规程 GB/T 28405—2012［Z］．中国标准出版社，2012.

［14］ 中华人民共和国国土资源部．宗地代码编制规则（试行）［Z］．中国标准出版社，2011.

［15］ 王学春，尚继宏．一种新型数据编码方案［J］．测绘科学，2009，34（4）：218-221.

［16］ 师开德，师凯，李苏，汪有才．多维时态 GIS 地籍数据库建设［J］．测绘与空间地理信息，2009，32（3）：52-56.

［17］ 张祖勋，张剑清．数字摄影测量学［M］．武汉：武汉大学出版社，2011.

［18］ 孔祥元，郭际明，刘宗泉．大地测量学基础［M］．武汉：武汉大学出版社，2012.

［19］ 许绍铨，张华海，杨志强等．GPS 测量原理及应用［M］．武汉：武汉大学出版社，2011.

［20］ 卢小平，王双亭．遥感原理与方法［M］．北京：测绘出版社，2012.